우리 아이들에게 그려 주는 **해양생물 이야기**

Illustrated Marine life's Story

CJI 한국언론연구소

리터러시신서 1
바다 현미경

2008년 1월 발행
2008년 1월 1쇄
지은이 문지훈
펴낸이 이윤영
펴낸곳 CJI 한국언론연구소
디자인 문자현

주소   400-102 인천광역시 중구 신흥2가 37-19
전화   032-762-9983, FAX : 032-762-9983
등록일자   2005년 9월 5일
등록   제 349-2005-7호
ⓒ 문지훈, 2008
▌독자의 의견을 기다립니다.
www.cjinstitue.org
webmaster@cjinstitue.org

ISBN 978-89-957886-3-9
정가 12,000원

해양생물 □■ 삽화노트

바다 현·미·경

문지훈 글·그림

Illustrated Marine life's Story

CJI 한국언론연구소

나는 해변 바위 위에 앉아 바닷바람을 즐기곤 한다. 어느 날 바위틈으로 빼꼼 얼굴을 내민 갯강구 녀석을 보고, 나는 소스라치게 놀란 일이 있다.

이 징그러운 벌레는 뭐지?

참을 수 없는 궁금함에서 본격적으로 시작된 해양생물에 관한 공부. 그야말로 신비하고 놀라운 세상이 또 하나 있는 듯 싶었다.

바다 속을 날아다니는 아름다운 물고기들, 물이 들고 날 때마다 갯벌로 출퇴근 하는 갯벌생물들. 그곳에 자연이 있고 배움이 있었다.

나 혼자만 알고 있기가 너무 아까워 미칠 지경이다.

나의 두 아이에게 이 이야기를 들려주고 말테야!

그래서 날 밤새며 한 장 한 장 그림을 그리고, 또 설명을 붙여 나갔다.

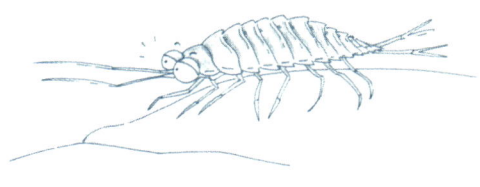

　그렇게 해서, 미흡하나마 완성된 해양생물 이야기 그림들.

　그러나 이 책은 본격적인 도감도 아니고, 해양생물에 대한 입문서도
아니다.
　어린이는 물론 누구라도 쉽고 편하게 보고 읽을 수 있는, 그저 털털한
이웃집 아저씨가 들려주는 바다 이야기 정도가 아닐까.

　이 책이 저술되어 출판되기 까지 한국언론연구소 출판팀의 여러분들
과 함께, 늘 응원해준 가족과 사랑하는 아내, 그리고 내 인생의 좌표를
제시해 주는 진지한 도반(道伴)인 두 아들 채원, 채경군에게 진심어린
감사와 사랑을 전한다.

2007년 12월

문지훈

CONTENTS

차례

Ⅲ. 사진 속 '바다 현미경'

Ⅳ. 맺는 말

Illustrated Marine life's Story

II

우리 아이들에게 그려주는 해양생물 이야기

**이제 슬슬
바다 속에
풍덩 빠져볼까.**

우리의 씩씩한 친구, 바다 속 생물인 '해양생물들'은 그 종류와 수가 셀 수 없이 많다.
생활상에 따라 크게 세 종류로 나눈다. 부유생물(plankton), 유영생물(nekton), 저서생물(benthos)이 바로 그것이다.

'부유생물' 녀석들은 스스로 움직일 수 없거나 그 능력이 약해 물의 흐름에 따라 떠다닌다. 헤엄치는 능력이 뛰어난 멋쟁이 물고기나 고래, 물개 같은 해양포유류 등은 유영생물이다.

그리고 우리 밥상에 자주 올라오는 장난꾸러기 게나 고동 녀석처럼 바다의 바닥에서 생활하는 생물을 저서생물이라고 한다.

바다생물 종류는 나누는 기준에 따라 다양하게 나눌 수 있고, 또 환경설정에 따라 다시 여러 부류로 나누기도 한다. 어떻게 보면 딱 잘라 나눌 수도 없고, 나누어 분류하는 일이 무의미해 보이기도 한다.

나는 주위에서 비교적 쉽게 보고 접할 수 있는 유영생물인 물고기와 저서생물인 갯벌생물들을 중심으로 바다 속 생물들을 이야기해 보겠다.

처음부터 어렵다고? 그래도
인내를 갖고
열심히 따라오렴.

첫 번째 현미경_ 어류편

물고기가 헤엄친다고 생각하니?

  물고기는 바다 속을 날아 다닌다.

  햇빛을 받으며 유유히 비상(飛翔) 하는 물고기의 은빛 지느러미에서 창공을 나는 독수리의 날개를 본다.

  넓고 깊은 바다 속의 수많은 생물들에겐 정교한 질서가 있었다.

  그들은 우리처럼 그 질서를 깨트리거나 벗어날 능력은 없어 보였지만,

  그 안에서 최선을 다해 살고 있었다.

  바다를 터전으로 살아가는 생물에 대한 경이(驚異)는, 곧 경외(敬畏)가 되었다.

흔히 물고기라고 불리는 어류는 등뼈, 즉 척추가 있고 아가미로 호흡하며 지느러미로 헤엄치는 모든 동물을 말한다.

어류에는 먹장어처럼 아래턱이 없고 입이 둥근 원구류, 상어나 가오리처럼 뼈가 물렁뼈로 된 연골어류, 그리고 단단한 석회질의 뼈를 가진 경골어류가 있다.

물고기가 처음 지구에 나타난 이래 여러 생활형태가 있어 왔고, 그 와중에 물고기 각자 자신에게 맞는 진화를 거듭해 왔다. 그렇게 수많은 세대를 거쳐 오면서 마침내 지금의 생태를 가지게 된 것이다.

물의 온도와 깊이 또 빛의 세기와 조류 등의 여러 다양한 환경과 조건에 따라 수많은 특성과 생활형태가 물고기에게 나타나게 된다. 이것은 때론 나에게 경이로움을 느끼게 한다.

어시장에 가면 많은 종류의 물고기들을 볼 수 있다. 잘 생겼거나, 못 생겼거나, 아니면 신기하거나 이상하게 생긴 물고기들. 또 요리와 반찬으로 우리에게 친숙한 물고기들.

일단 호기심을 갖고 즐겁고 신나게
이 녀석들을
만나러 가자!

1) 원구류 이야기

둥글고 긴 몸체와 '장어'라는 이름으로 인해 뱀장어류로 오인되는 원구류는 뱀장어와는 전혀 다른 어종이다.

입이 둥글다고 해서 원구류(圓口類), 아래턱이 없어 무악류라고 하는 원시어류이다. 이들은 꼭 빨판 같은 주둥이로 다른 물고기에 달라붙어 그 체액을 빨아먹는 무서운 기생성 물고기이다.

흔히 꼼장어라고 불리는 먹장어는 눈이 퇴화되어 피부에 묻혀있고 아가미는 구멍 형태로 좌우에 여섯 쌍이 있다. 먹장어 역시 물고기에 기생하여 산다. 왕성한 식욕으로 마구 다른 물고기에게 달려드는데, 먹장어에게 체액이 빨린 물고기는 결국 죽음을 맛보게 된다. 이때 먹장어는 물고기의 체액을 보다 효율적으로 빨기 위해 자신의 몸을 꼬기도 하고 지렛대처럼 활용하기도 한다.

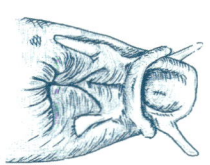

먹장어의 입

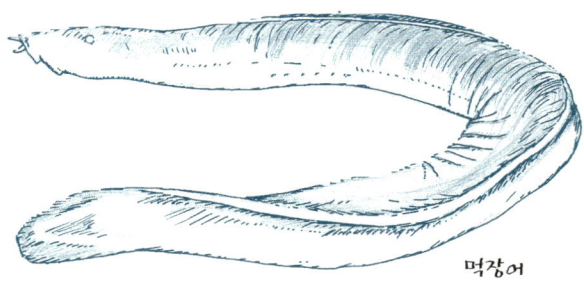

먹장어

역시 무악류인 칠성장어는 먹장어와는 유연관계가 멀다.

아가미구멍이 일곱 쌍이라 칠성장어라 부르며, 어릴 적에는 담수, 그러니까 강에서 살다가 성장하여 바다로 회유하여 바다에서 산다.
역시 기생생활을 하는 칠성장어는 우리나라에서는 동해에서 볼 수 있다.

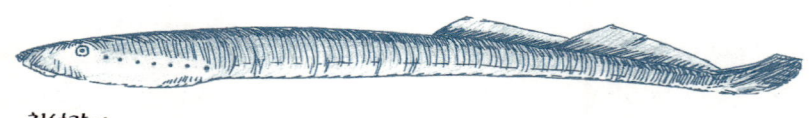

칠성장어

칠성장어의 입

먹장어는
술안주로 인기가 있지만
바다에서는 모든
물고기에게 혐오의 대상이다.

2) 연골어류 이야기

상어의 뼈는 다른 동물의 뼈처럼 딱딱한 석회질이 아니라 물렁뼈이다.

아주 흥미로운 생태를 가진 상어는 알을 낳는가 하면, 또 다른 어떤 좋은 새끼를 낳기도 한다. 그런가 하면 어떤 상어는 계속 헤엄치지 않으면 '익사' 하는 불쌍하면서도 웃긴 상어도 있다.

상어는 위험한 동물로 인식되어 왔다. 하지만 막상 사람에게 해를 입히는 경우는 드물다. 우리나라의 옛 문헌에도 상어를 사납기는 하나, 사람이 먹을 수 있는 물고기로 여기고 있다는 사실이 한층 흥미를 돋운다. 실제로 지금도 경상도 지역에서는 상어가 제사음식으로 주요한 역할을 한다.

상어는 다른 물고기와 달리 아가미가 다섯 장의 판으로 되어 있어 판새류라고도 한다. 특히 식인상어로 알려진 청상아리, 백상아리 등은 이 아가미를 스스로 움직일 수 없어서 계속 헤엄을 쳐야만 아가미를 통하는 바닷물에 의해 산소를 얻을 수 있다. 그래서 그물에 걸린 상어가 죽어 있는 이유는 헤엄을 치지 못해 산소를 공급 받을 수 없어 '익사' 했기 때문이다.

방추형의 길게 뻗은 몸체를 갖고, 헤엄이라면 최고 수준을 자부하는 상어도 이런 치명적인 약점이 있는 것이다.

물고기에게는 부레라는 기관이 있다. 일종의 공기 주머니이다.

이 주머니에 공기를 조절하여 앞뒤로 이동시켜 위로, 또는 아래로 유영하게 한다. 하지만 상어에게는 이 부레도 없다. 대신 지방질로 가득 찬 간이 그 역할을 한다. 상어의 간은 유난히 큰 편이다. 이 간의 대부분이 지방성분이라 별로 노력을 하지 않아도 상어는 저절로 물에 뜨게 된다.

또 상어에게는 다른 물고기에게는 없는 순막이라는 것이 있다. 이는 눈을 보호하는 얇은 막이다. 상어가 먹잇감을 공격하기 위해 눈을 뒤로 뒤집고 순막으로 눈을 가리며 달려드는 모습은 공포 그 자체이다.

백상아리 같은 대형상어는 부화된 새끼를 낳는다. 반면에 가끔 횟집 수족관에서 보이는 까치상어 같은 소형의 상어는 주머니 형태의 알을 낳는다.

괭이상어

환도상어

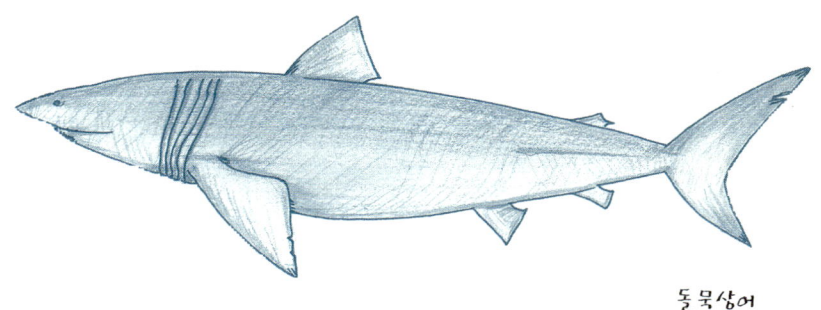

돌묵상어

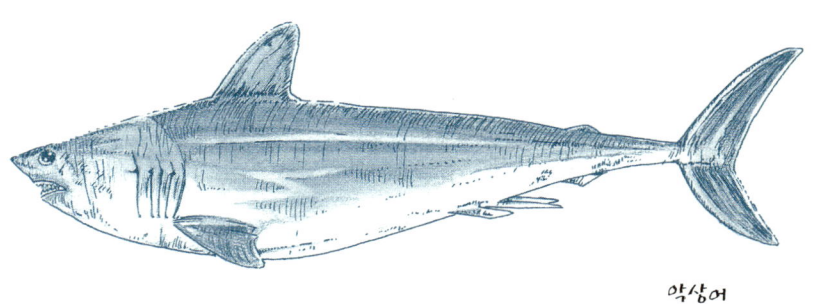

악상어

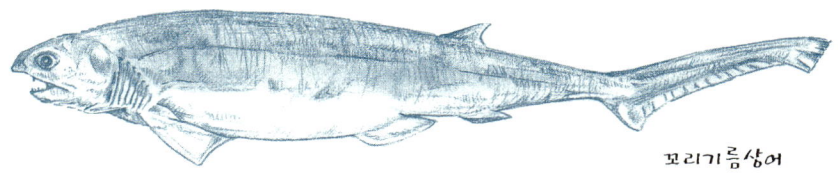

꼬리기름상어

귀상어

귀상어
'05 1.27 호

은상어

돔발상어
'05 2.6 호

청상아리

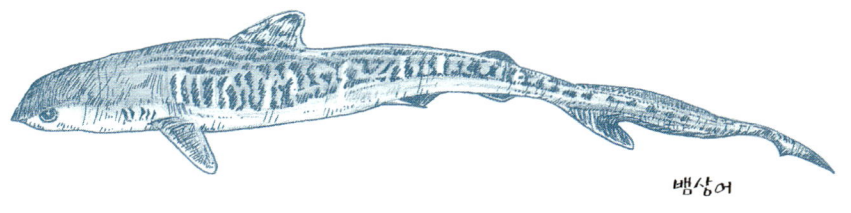

뱀상어

청새리상어

연골어류에는 또 가오리 종류가 있다.

가오리에는 전기를 일으키는 전기가오리, 가끔 2미터가 넘는 엄청난 크기도 나타나고, 또 꼬리의 독침으로 유명한 노랑가오리, 특이한 외모의 수구리류 등이 있다. 우리나라에선 삭혀먹는 홍어가 가장 인기 있다.

우리나라에서는 보기 힘들지만 다 자라면 넓이가 3미터가 넘는 쥐가오리는 그 덩치와 이름에 걸맞지 않게 아주 온순해서 다이버들에게 인기가 많다.

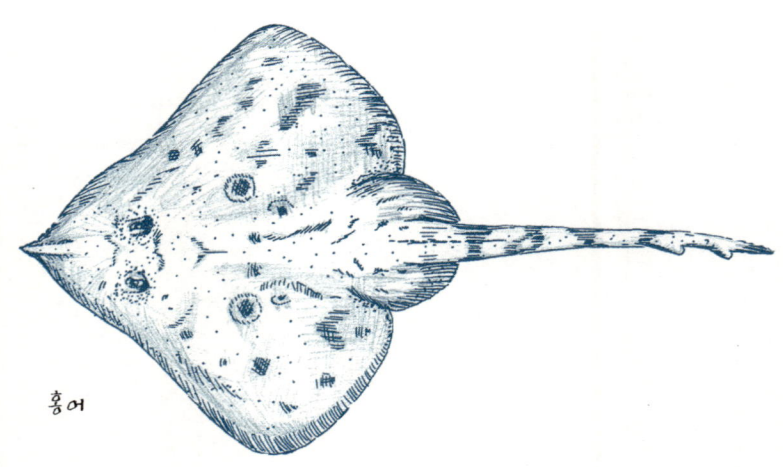

홍어

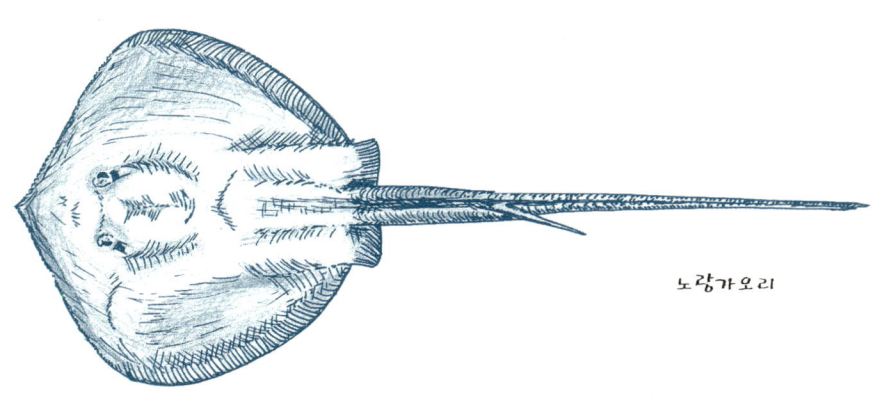

노랑가오리

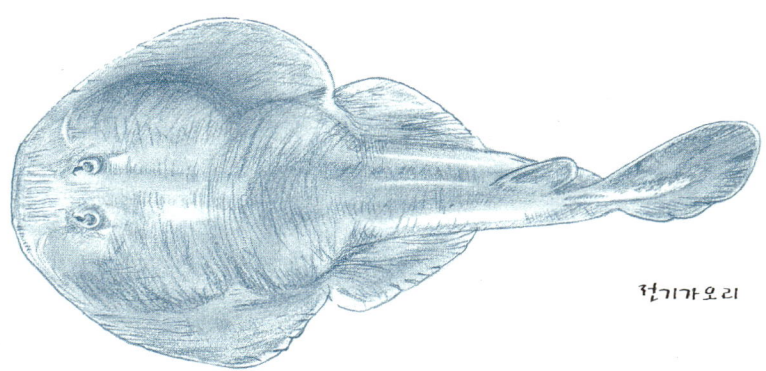

전기가오리

쥐가오리

범수구리

어떤 연골어류는 딱히 어느 종으로 분류하기가 어려워 경골어류와 연골어류 중간 형태의 생태를 보이는 경우도 있다.

철갑상어는 2미터까지 자라는 대형어류로 연골어류와 경골어류의 중간형태를 띤다. 우리나라에선 이미 자연 상태의 철갑상어는 멸종된 것으로 생각된다. 대신 최근에는 양식을 하기도 한다.

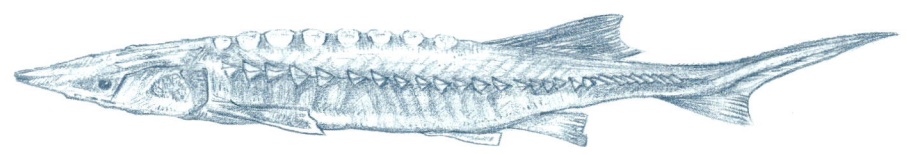

철갑상어

또 학자들에 따라 다른 견해가 있지만 생김새는 가오리처럼 보이는 전자리상어, 꼭 기타처럼 생긴 가래상어, 목탁가오리는 분류상 상어에 속한다.

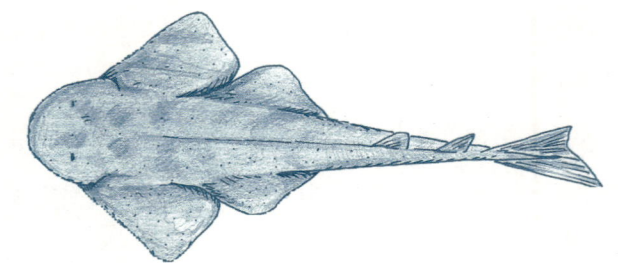

전자리상어

가래상어

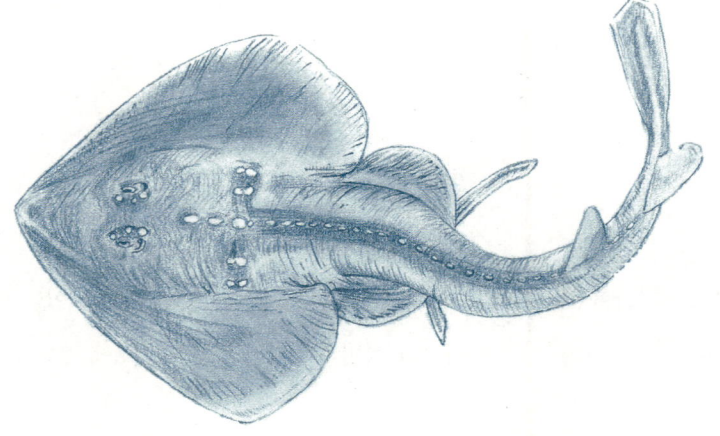

목탁가오리

3) 경골어류 이야기

원구류와 연골어류를 제외한 단단한 뼈를 지닌 모든 물고기들이 경골어류에 속한다.

여러 요리에 다양한 방법으로 이용되는 멸치는 잡히면 바로 죽는다고 하여 '멸(滅)치'라고 한다. 옛 문헌에는 멸치가 무리를 지어 돌아다닌다고 하여 행어(行魚)라는 이름으로 등장하기도 한다.

멸치는 잡히면 바로 배에서 삶거나, 아니면 육상의 공장에서 삶고 난 후 건조하여 시장에 나오게 된다.

'죽방렴' 같은 전통 함정어구로 잡힌 멸치는 더 고급스럽게 취급된다.

시장에 나온 멸치의 크기가 제각각인 이유는 멸치의 종류가 여럿인 것이 아니라 멸치는 치어부터 성어까지 모두 식용하기 때문이다.

연안의 표층을 떠다니기도 하지만, 그 작은 크기와는 달리 멸치는 대양을 회유하기도 한다.

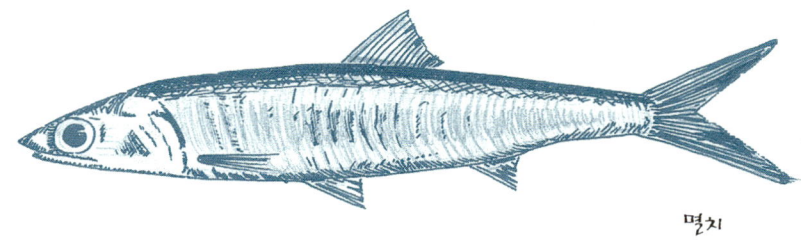

멸치

멸치과의 웅어는 가까운 바다에 살지만 강으로 올라오기도 한다.

꼬리로 갈수록 얇고 길어지는 몸이 특징인데, 40센티미터까지 자란다.

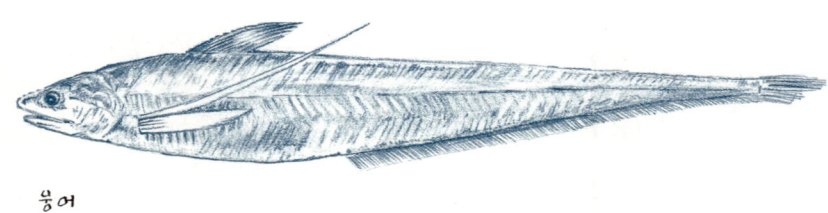

웅어

원구류와 연골어류를
제외한 모든 물고기들이
경골어류에
속한다

　유럽인들이 즐겨먹는 청어는 한류성 어종으로 우리나라에서는 동해에 주
로 산다. 한때 대량으로 발생하였다가 또 갑자기 자취를 감추는 특이한 생태
가 보고 된 적이 있다. 예로부터 맛이 좋기로 유명한 준치는 더불어 가시가 많
기로도 유명하다. 조물주가 준치의 맛을 시기하여 많은 가시를 주었다는 이
야기도 있다. 가을철 별미인 전어도 청어과 어류이다. 더위가 지나고 시원한
바람이 불기 시작하면 서해 포구엔 전어 굽는 냄새가 요란하다.

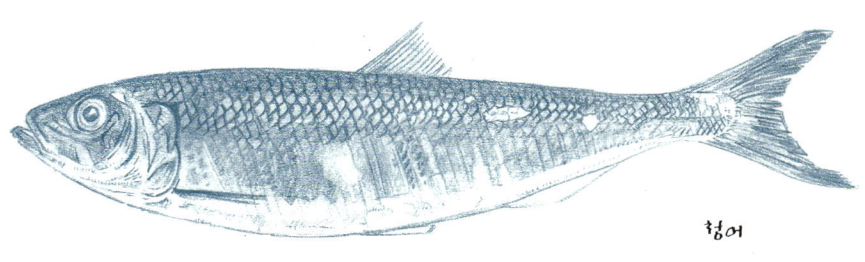

청어

준치

전어

인천에서 밴댕이회로 사랑받는 밴댕이.

밴댕이로 불리는 물고기는 바로 반지라는 물고기이다.

반지는 멸치과로 청어과의 밴댕이와는 다른 물고기이다. 그리고 서로 다른 이름으로 불려지고 있다. 두 물고기가 아주 닮았지만 밴댕이는 아래턱이 길고 입이 위쪽을 향하며, 배 가운데에 날카로운 모비늘이 지난다. 반지는 멸치처럼 윗턱이 길어서 쉽게 구분된다.

두 물고기가 다 몸이 측편하여 얇다.

그래서 속이 좁은 사람을 일컬어 '밴댕이 속아지' 라는 말도 한다.

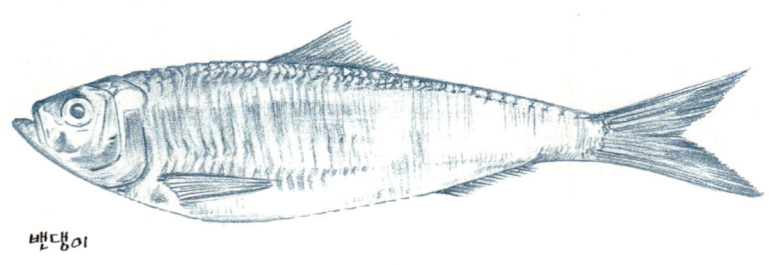

밴댕이

반지

황어는 잉어과의 물고기로 바다에서 살다가 봄에 강으로 산란회유를 한다.

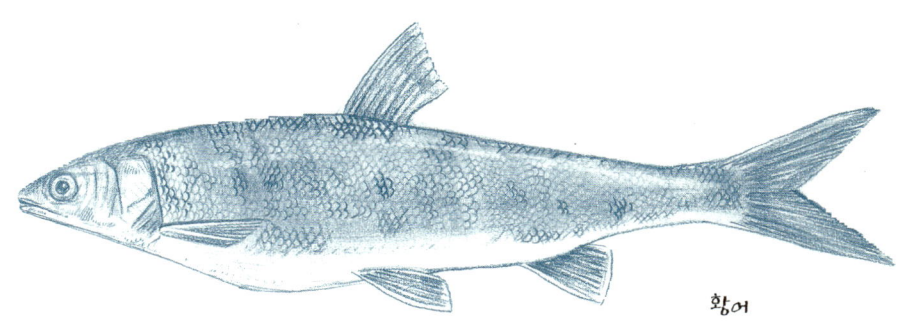

황어

황어는 여러 환경에 대하여
폭 넓게 적응하는 능력이 뛰어나다
바다는 물론 강이나 하천에서도
잘 서식한다

산란회유로 잘 알려진 연어는 가을에 강으로 올라와 산란한다. 회유를 위해 바닷물에서 담수로 적응하는 과정에서 발생하는 스트레스와 회유기간 중 먹지 못하는 절식상태로 탈진하기 때문에 산란 후 결국 죽게 된다.

연어

연어(상) 점묘
'05. 3. 焦

곱사연어

은어 또한 바다에서 성장한 후 봄에 강으로 회유하여 9월경 산란한다.

이름처럼 빛나는 은색 몸체가 이름답다.

송어가 회유하지 않고 육지에 적응하여 담수어로 된 물고기가 바로 산천어
이다. 반대로 담수어인 동자개 가운데, 바다에 적응하여 해수어가 된 바다동
자개도 있다.

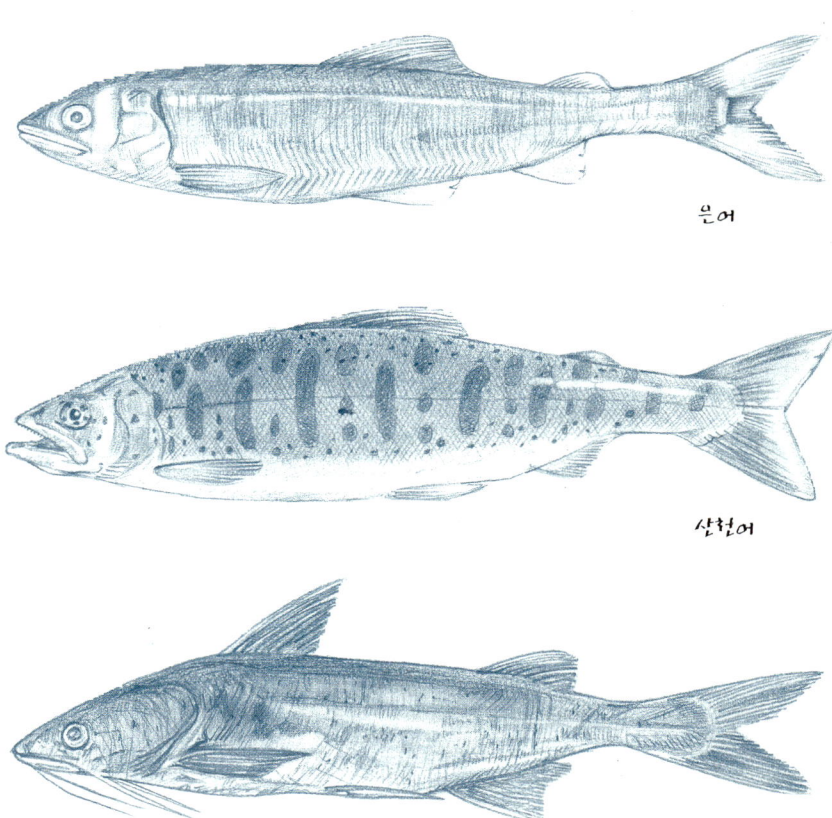

은어

산천어

바다동자개

뱀처럼 긴 몸체의 뱀장어류는 '장어'란 이름으로 좋아하는 사람들이 많은 물고기이다. 아직까지 그 생태가 완전히 드러나지 않은 뱀장어는 연어와는 반대로 담수에서 살다가 바다로 산란회유를 한다. 산란회유를 하면서 몸빛이 화려해지는 혼인색을 띠며 먹이를 먹지 않는 산란절식을 한다. 바다에서 부화한 어린 뱀장어는 몸이 투명하고 납작하여 대나무 잎처럼 생겨 댓닢뱀장어(Leptocephalus)라고 한다. 강으로 올라오며 성장하면서 뱀장어의 형태를 가지게 되는데, 이 어린 물고기를 포획하여 양식을 한다.

　바다에서만 사는 갯장어는 바위틈에 살면서 주로 밤에 움직인다. 이가 날카롭고 성질이 난폭하다.

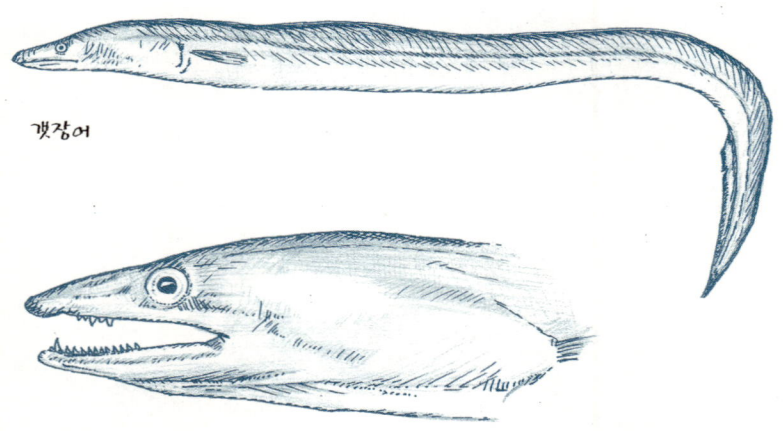

갯장어

비슷한 붕장어는 측선주위에 흰점이 줄지어 있어 쉽게 알아 볼 수 있다. 갯장어, 붕장어 두 종 모두 뱀장어와 같이 댓닢뱀장어 시기를 갖는다.

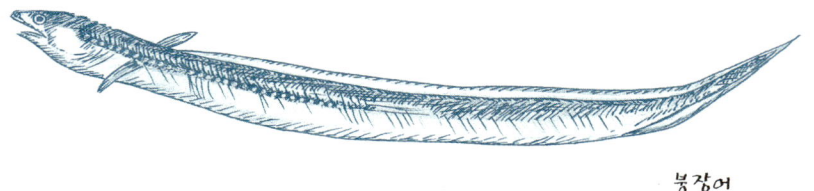

붕장어

갯장어, 붕장어, 뱀장어들은
모두 댓닢뱀장어
시기를 갖는다

등지느러미가 셋인 대구는 턱에 수염도 하나 있다.

이름처럼 큰 입(大口)을 가진 대구는 그 입처럼 탐식성이 강해 물고기와 갑각류를 즐겨 먹는다. 심지어 자기가 낳은 알도 먹는 일이 있다고 한다. 찬 바다에만 사는 대구가 어쩌다가 수심이 얕은 서해로 흘러와 좁은 해역에 갇혀 사는 경우가 있는데, 제대로 자라지 못해 크기가 작은 '왜대구'가 된다. 그런데 요즘은 이 왜대구 중에도 큰 물고기가 잡힌다고 한다니 참 모를 일이다.

대구

대구의 근육은 지방이 적은
백색근육으로
담백하여 인기가 많다

대구과의 명태 또한 우리에게 친숙한 물고기이다.

명천에 사는 태서방이 잘 잡았다는, 그래서 명태가 되었다는 마법 같은 전설이 있다.

명태는 상태와 식용에 따라 생태, 동태, 황태, 북어 등의 또 다른 이름을 갖고 있고 어린 물고기 또한 말려서 '노가리'로 유통된다.

대구보다 작고 수염도 없지만 탐식성은 대구와 같다.

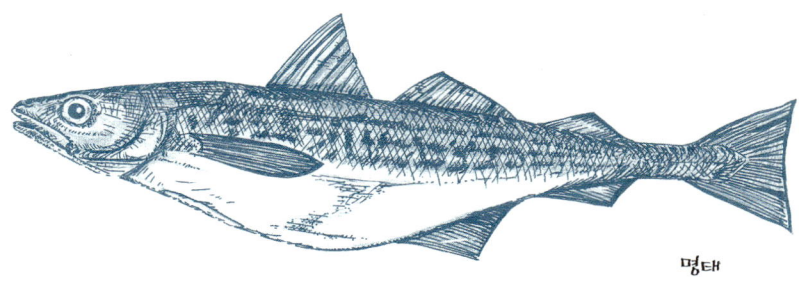

명태

명태의 알은 명란젓으로
가공되어
우리 식탁에 오른다

이름에서 풍기는 인상처럼

입이 크고 괴상스러운 외모의 아귀.

생긴 것처럼 생태 또한 범상치 않다.

첫 번째 등지느러미가 유인돌기로 되어 마치 낚시하듯 작은 물고기를 유인

하여 그 큰 입으로 덥석 잡아먹는다.

저서성 어류라 바닥에 몸을 묻고 산다.

외모와 달리 찜이나 탕으로 인기 있는 물고기이다.

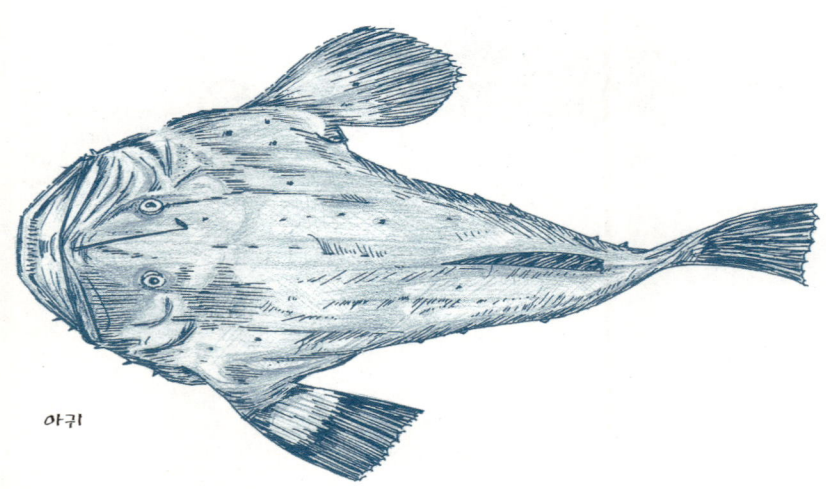

아귀

예전에는 아귀같이 생김새가 천하다고 생각한 물고기들을 사람들은 먹지 않고 바다에 도로 던지거나 버렸다.

그때는 민어처럼 맛좋고 훌륭한 물고기들을 쉽게 잡을 수 있었다. 현재는 예전에 쉽게 맛볼 수 있었던 물고기들을 환경오염과 자연환경의 변화로 인해 찾아보기가 힘들게 되었다.

그래서 우리들은 아귀같이 관심 없던 물고기에도 점차 눈을 돌리게 되었고 지금은 이 아귀조차 마냥 잡히지는 않는다고 한다. 결국 우리가 만든 오염된 환경은 우리와 자연에 그대로 영향을 준다. 그렇게 흔하던 조기도 점점 떠나고, 다음에 또 어떤 물고기들이 사라져 갈지 걱정이다.

아귀처럼 유인돌기로 물고기를 유혹하는 씬뱅이.

통통한 몸으로 다리처럼 발달된 배, 가슴지느러미로 바닥과 수초 위를 기어 다니는 모습이 꼭 개구리 같다.

그래서 영어 이름도 프로그 피쉬(Frog Fish, 개구리 물고기)이다.

우리나라에서는 남해와 제주의 따뜻한 바다에서 산다.

씬뱅이

멋진 긴방추형 몸매의 숭어는 우리나라 전 해역에서 볼 수 있다. 숭어와 가숭어가 대부분인데, 두 종은 눈과 꼬리지느러미로 구분한다. (참)숭어의 눈은 지검이라는 투명한 지방질로 덮이고 꼬리지느러미의 홈이 깊은데 비해 가숭어는 지검이 약하고 꼬리지느러미의 홈이 비교적 얕다.

참숭어의 지검은 겨울이 되면 더 두터워져서 심지어 앞을 보지 못하는 경우도 있다. 숭어들은 가까운 바다는 물론 강으로도 올라오기도 한다.

다 자라면 1미터가 넘는 가숭어가 숭어보다 조금 더 크다.

숭어의 알은 많은 과정을 거친 '어란'이 되어 귀하게 대접 받는다. 남해에서는 급한 조류를 거슬러 올라가는 숭어를 뜰채로 건져 올리는 일도 있다.

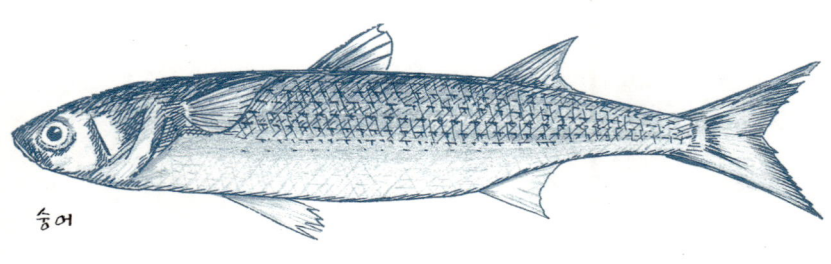

숭어

가숭어

아래 윗턱이 길어 학의 머리와 같은 동갈치는 연안에서 유영생활을 한다. 일본에서는 긴 부리와도 같은 주둥이로 빠르게 헤엄치다가 간혹 물 밖으로 튀어 올라 어부를 찌르기도 한다는 보고가 있다.

1미터 까지 자라는 동갈치 보다는 작지만 아래턱이 길고 끝이 붉은 학공치 는 가끔 포구에까지 밀려와 유영을 한다. 강공이 이 학공치류의 부리로 낚시 를 했다던가? 학꽁치가 아니라 학공치이다.

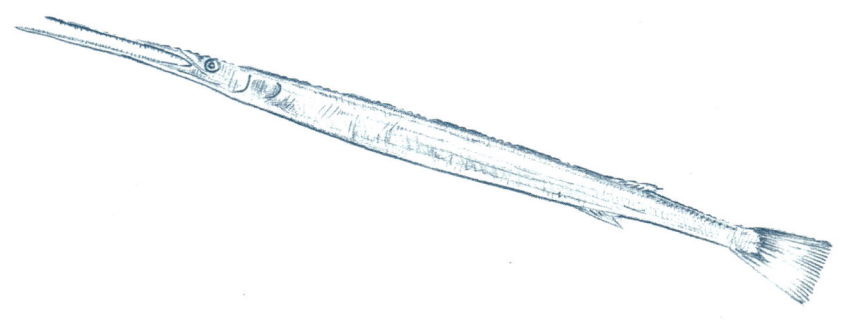

동갈치

학공치와 동갈치는
도약을 잘해서
놀라거나 쫓기면
수면위로 튀어 오른다

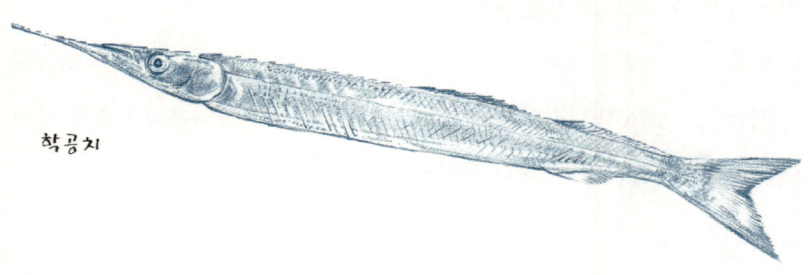

학공치

꽁치는 위장이 없어서 소화하기 쉬운 플랑크톤을 먹는다. 산란기 때 표층의 해조류로 몰리는 습성을 이용해 배에서 해초사이로 손을 넣어 직접 잡아 올리기도 한다. 참치통조림이 나오기 전 꽁치통조림은 통조림의 대명사였다.

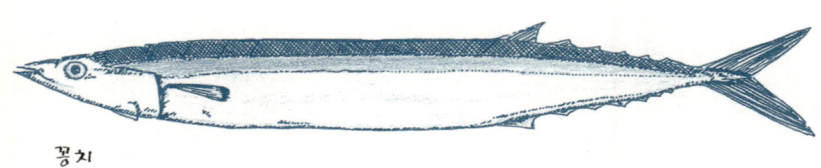

꽁치

물고기인지 아닌지 헷갈리는 해마는 실고기과의 물고기이다. 이름처럼 대단히 독특한 이 물고기의 생김새는 말을 연상시켜 서양에서도 시 호르스(Sea Horse)라고 부른다. 몸은 길고, 둥근 마디가 딱딱한 체절을 이룬다. 보통 꼬리를 수초에 말고 생활한다.

산란기 때는 암컷이 수정된 알을 수컷의 육아낭에 산란하여 결과적으로 수컷이 산란하는 묘한 습성을 갖고 있다. 부화되어 수컷의 육아낭에서 톡톡 튀어나오는 새끼들이 마냥 귀엽다. 이때 수컷은 산고를 느낀다는 보고도 있다.

해마는 암수 구분이 쉽다
해마를 보았을 때
배 부분에 부풀어 오른
주머니가 있다면 수컷이다

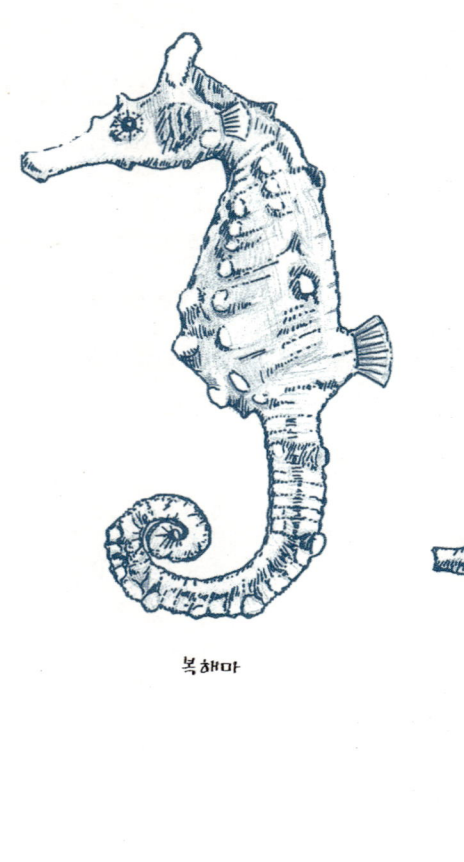

복해마

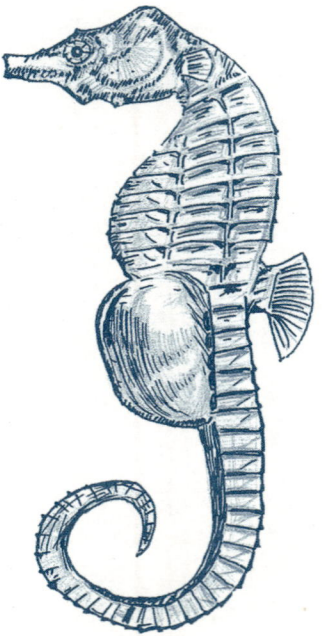

산호해마

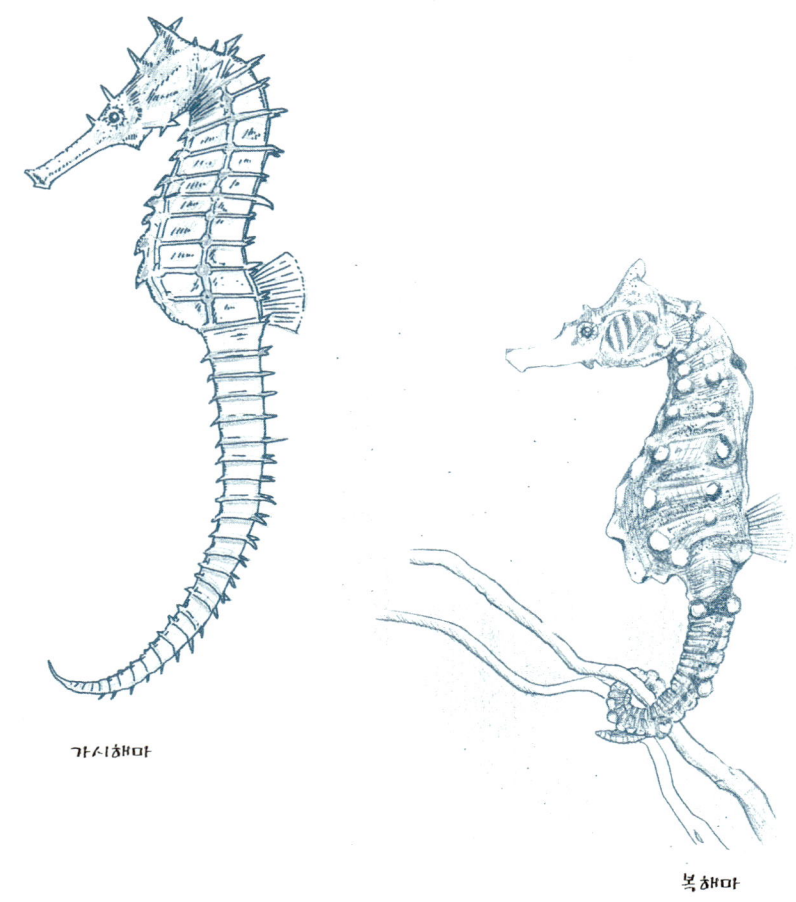

가시해마

복해마

　연안의 바위지역에 모여 살아 록 피쉬(Rock Fish)라 불리는 볼락류는 다양한 종이 있다. 난태생어로 어미의 배에서 부화한 새끼가 직접 세상에 나오기 때문에 태어난 후 얼마간은 따로 먹이를 먹지 않아도 자체 영양분으로 살 수

바다현미경　49

있다.

볼락류 중에도 '우럭'으로 불리는 조피볼락이 유명한데, 자연 상태의 새끼를 잡아 양식도 한다.

조피볼락

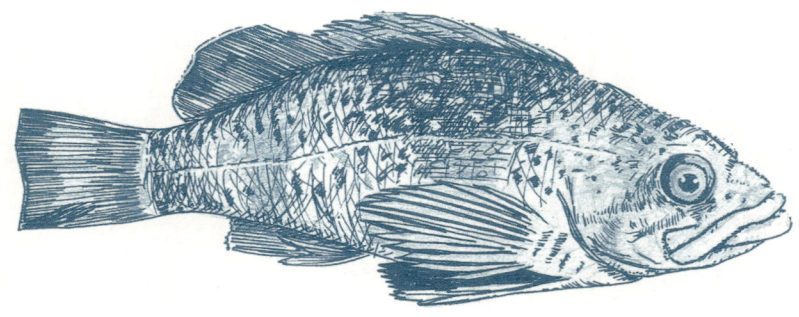

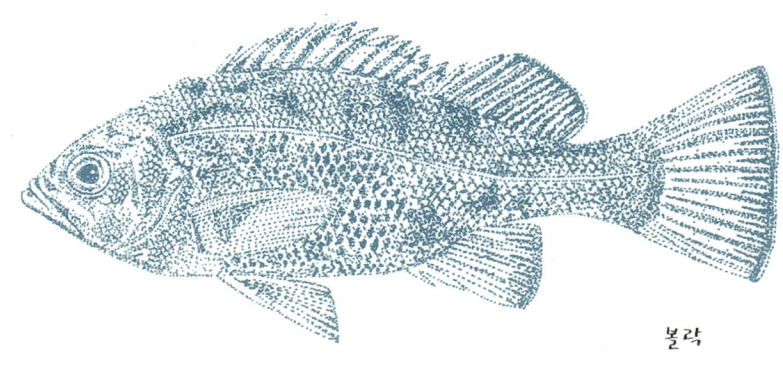

볼락

띠볼락

볼락과 함께 양볼락과의 쏨뱅이는 머리에 날카로운 가시가 있고 등에도 지느러미가 날카롭다. 야행성이면서 바닥에 서식하는 저서성 어류이다. 몸체 색의 변이가 다양하여 주변과의 조화가 잘 되어 위장효과가 좋다.

솜뱅이

발달된 배지느러미로 바닥을 기어 다니는 성대는 가슴지느러미를 펴면 아름다운 날개 같다.

머리가 단단해서 일본에서는 머리가 튼튼해지라고 아이들에게 먹인다. 부레를 압축하여 소리를 내기도 하는데, 불평하는 소리 같다고 해서 거나드

(gurnard)라고도 불린다. 성대는 죽으면 체색이 붉게 변한다. 이는 다른 성대과 어류들에게도 나타나는 특징이다.

성대

눈 위에 작은 돌기가 꼭 귀여운 눈썹처럼 솟은 쥐노래미는 우리나라 전 연안에서 흔히 볼 수 있는 물고기이다. 주위환경에 따라 체색의 변이가 심하다. 조금 더 큰 쥐노래미도 마찬가지이다. 특히 쥐노래미는 감각기관인 측선이 다섯 개인데, 막상 기능을 하는 것은 딱 하나 뿐이다.

어시장에서 쉽게 볼 수 있는 임연수어도 쥐노래미과의 어류인데 탐식성이
강해 바닷속에선 꽤 난폭하다.

노래미

노래미는 암컷이 알을
낳으면 수컷이 남아
알을 지킨다

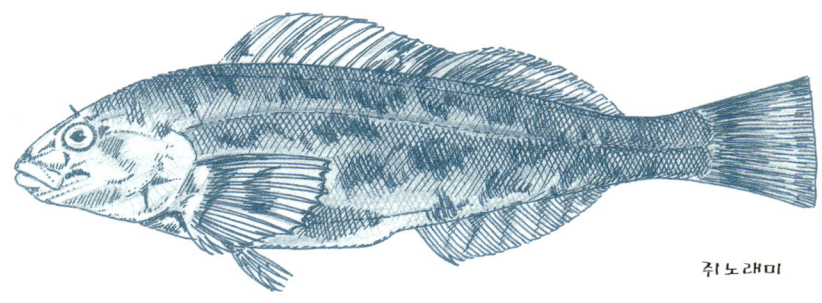

쥐노래미

임연수어

물고기의 분류에 있어서 큰 줄기를 이루는 농어는 물고기의 전형이 되는 외형을 갖고 있다. 가까운 바다에 살면서 여름엔 바다와 담수가 만나는 기수역이나 강으로도 올라온다. 유사종으로 점농어와 넙치농어가 있다. 수요가 많아 양식도 되고 있는 농어는 다 자라면 1미터가 넘기도 한다.

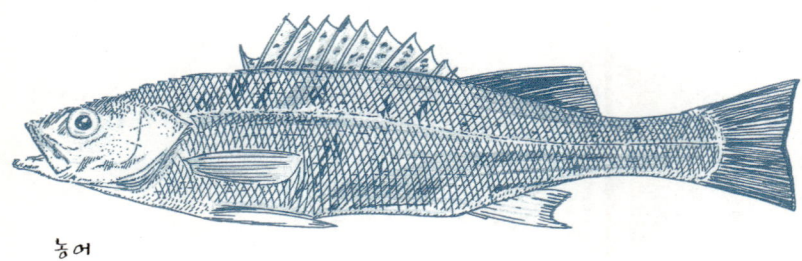

농어

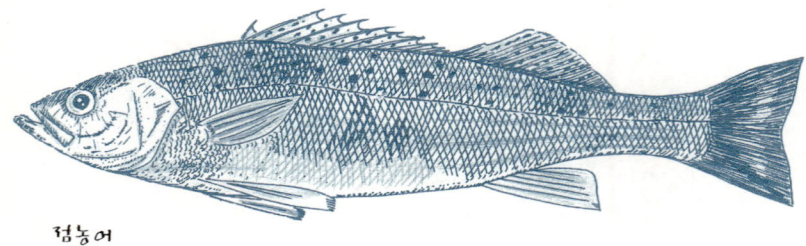

점농어

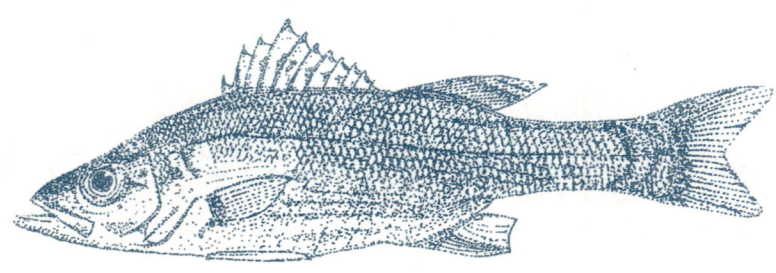

어린농어 까지맥기

돗돔은 그 거대한 크기와 희소성 때문에 이제는 전설의 물고기가 되어 버렸다. 2미터까지 자라는데 입을 '짝' 벌리면 사람의 머리도 들어갈 정도라고 한다. 한번 너의 머리를 넣어보렴. 무섭지?

돗돔
'06. 9. 30. 薰,

온몸에 붉은 반점이 촘촘한 붉바리는 제주에서는 볼 수 있으나, 이제는 그 개체수가 현저히 줄어들었다. 이 친구는 제주에서 해산한 산모에게 좋다고 하여 귀하게 여긴다. 몸 색의 변이가 심하다. 하지만 화려한 산호가 많은 따뜻한 바다의 암초지역에서는 좋은 위장효과를 낸다.

붉바리

자바리 또한 이제는 만나기가 대단히 어려운 물고기이다. 제주에서는 '다금바리' 라고 부른다. 사실 다금바리라는 물고기는 따로 있다.

주로 야행성으로 예민하고 민첩한 자바리를 잡기 위해 어부들이 많은 노력을 기울이고 있다. 하지만 한 마리도 잡지 못하는 날이 더 많다고 한다.

자바리

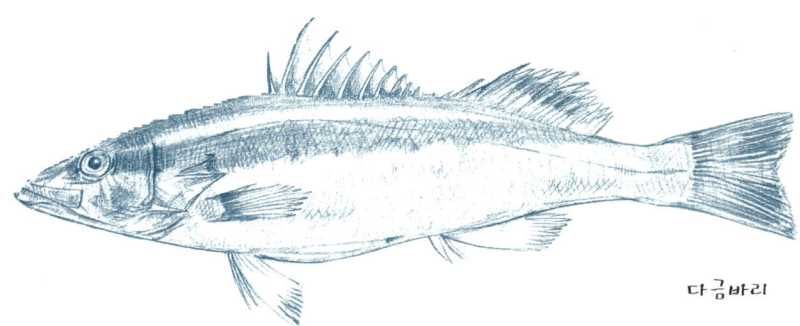

다금바리

유사종으로 능성어가 있다. 가로줄이 두터운 이 물고기도 만나기 어려운 종이다. 제주에서는 구문쟁이라고 부른다.

능성어

붉바리, 자바리, 능성어 모두 바리과 어류 특유의 듬직하고 탄탄한 몸체를 가졌다. 이 멋진 물고기들을 점점 보기 어려워진다는 것이 안타깝다.

줄도화돔은 10센티미터 남짓한 작은 물고기이다. 수컷이 자신의 입에 알을 품는 특별한 부성애를 가졌다. 알을 품는 동안 물론 아무것도 먹지 못하는 절식상태가 된다. 해마와 함께 수컷으로 살아가는 것이 힘든 물고기이다.

한때 문학작품을 통해
가시고기가 부성애의 대명사가
된 일이 있다
바다엔 **줄도화돔**처럼
절절한 **부성애**를 가진 생물이 많다

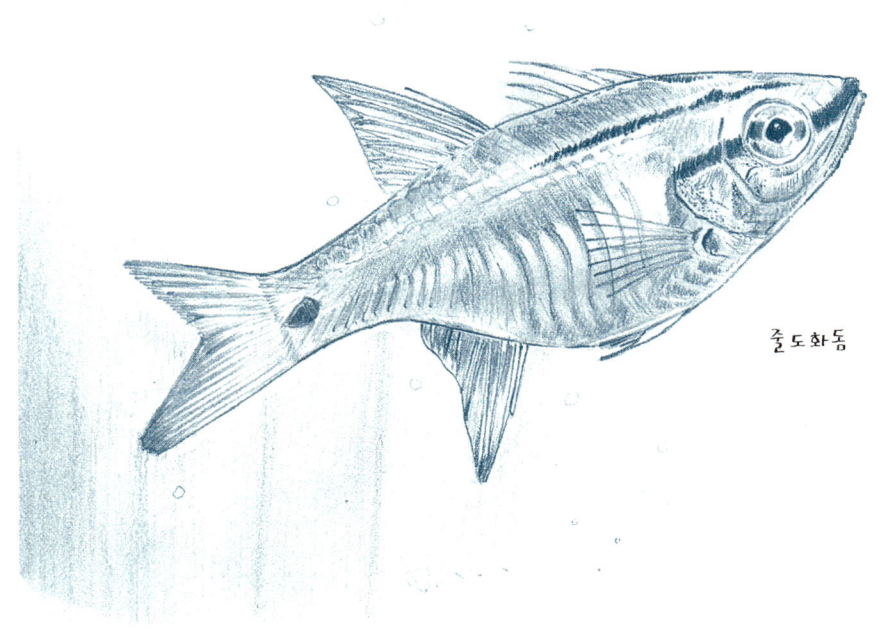

줄도화돔

군평선이는 등지느러미가 억세고 열대어처럼 가로줄 무늬가 선명하다. 귀여운 외모에 재밌는 이름이 특이하다.

군평선이

아무리 귀여운 외모라도
경제성이 없으면 '잡어' 로
취급된다
물고기에겐 차라리 다행한 일일까?

붉은빛 도는 준수한 몸체가 돋보이는 참돔.

도미라고 불리며 우리나라는 물론 중국과 일본에서는 고급어종으로 취급된다. 하지만 유럽에서는 인기가 없어 잡어로도 취급된다.

큰 것은 1미터가 넘는데 수명은 20~30년의 장수어이다.

참돔

조기로 대표되는 민어과의 어류 또한 우리의 식탁에 자주 오르는 친근한 물고기이다. 예로부터 여름 보양식으로 유명했던 민어는 1미터가 넘는 대형 개체로 잡히기도 한다. 하지만 현재 민어를 만나기는 대단히 어렵다. 과거 일반서민이 즐겨 먹을 정도로 흔해 백성 민(民)자가 붙은 민어이지만, 어자원이 급격히 줄어든 요즘엔 그저 옛이야기일 뿐이다.

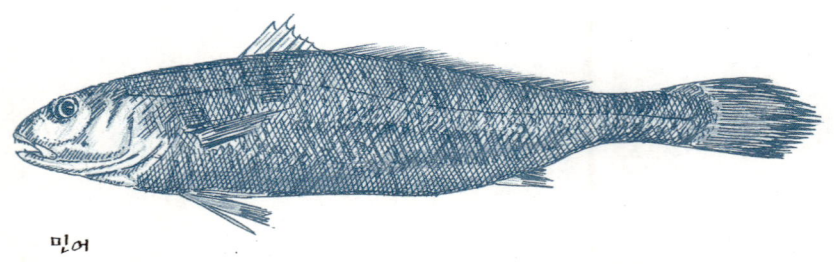

민어

민어는 부레를 마찰시켜 '구구' 소리를 낸다. 이 때문에 긴 대나무 통을 바다에 넣어 귀를 기울여 민어나 조기를 찾아내기도 한다. 특히 민어의 부레는 접착제인 '민어풀'을 만드는데 사용하기도 한다.

또 한때 파시를 형성했던 조기 또한 개체수의 급감으로 현재는 대부분 수입에 의존하고 있다.

노란색을 띠는 배 부분과 황갈색 몸체가 황금 옷을 입은 것처럼 보인다. 많은 과정을 거치며 정성들여 건조된 상태의 굴비는 고가에 유통된다. 한편 황강달이 같은 소형 민어과 어류는 젓갈로도 가공된다.

황강달이 : 농어목 민어과의 바닷물고기이다. 배 부분에 발광기관을 가지고 있는 소형종. 주로 젓갈이나 구이로 먹는다.

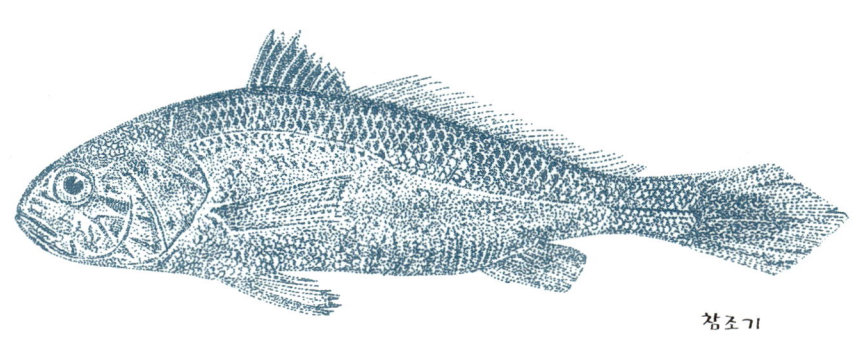

참조기

황강달이

민어과 어류 같은 저서성 어류들은 낚시나 그물로 갑자기 건져내면 수압차이 때문에 부레가 팽창, 장기를 압박하게 되어 금방 죽게 된다. 조기를 수족관에서 보기 어려운 이유이다.

　제주에 주로 살고 줄무늬가 예쁜 범돔의 줄무늬는 가로줄일까? 아니다.
　물고기의 줄무늬는 척추를 기준으로 판단하기 때문에, 즉 물고기를 위에서
보았을 때를 기준으로 삼아서 범돔의 줄무늬는 세로줄이다.
　반대로, 깎아지른 이마와 긴 주둥이의 육동가리돔의 줄무늬는 가로줄이 되
는 것이다.

범돔

물고기의 줄무늬는
보이는 것과
정반대로
이해해야 한다

육동가리돔

횟집 수족관에서 자주 보이는 가로줄 줄무늬가 선명한 돌돔은 다 자라면 80센티미터가 넘고 줄무늬는 사라진다. 강력한 이빨로 고둥, 소라, 집게까지 부숴먹는다.

제주와 남해가 주 서식처이지만 요즘엔 수온의 상승으로 그 서식처가 올라오고 있다.

돌돔에서 줄무늬 대신 점무늬가 있으면 강담돔이 된다.

무늬는 다르지만 연안의 암초에 서식하며 돌돔과 거의 같은 습성을 가졌다. 실제로 이 두 종간의 교배종이 나오는 경우도 있다.

돌돔

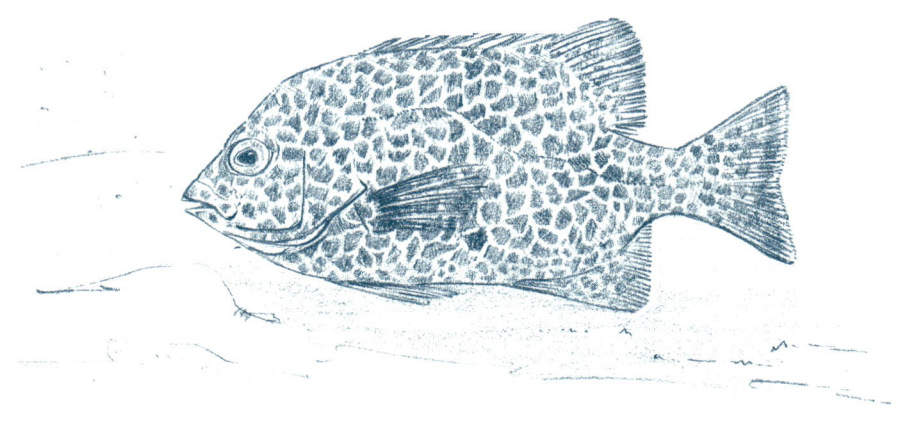

강담돔

생김새가 비슷하여 망상어는 바다의 붕어라고 부르기도 한다. 무엇보다 직접 새끼를 낳는 태생어로 유명하다.

물론 포유류와는 다른 형태의 태생이지만 물고기로서는 특별한 경우이다. 한번 낳을 때 열 마리 남짓 낳는다. 모성애가 강해서 새끼를 가진 암컷이 낚시에 걸리면 끌려 올라오는 순간에도 새끼를 내보내기까지 한다.

인상어 또한 망상어와 같은 생태를 가진 망상어과의 어류이다. 인상어는 망상어에 비해 윗턱이 몸과 거의 수평을 이룬다.

망상어

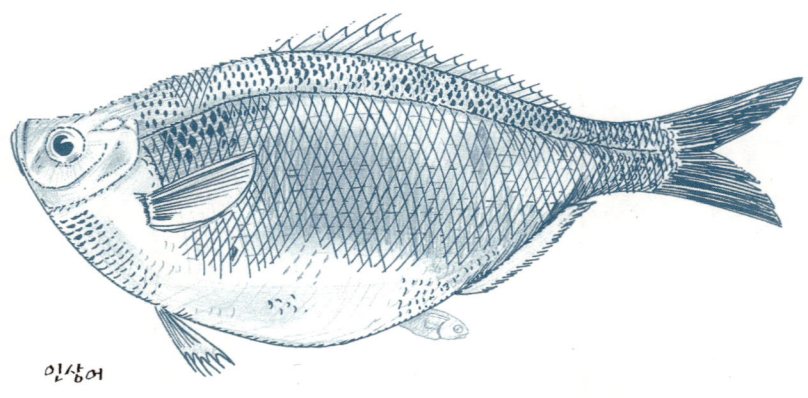

인상어

장갱이과의 어류들은 비교적 대형의 장갱이를 제외하고 상업적 가치가 별로 없어 수산시장에는 보기 어려운, 이른바 '잡어' 취급을 겪는다.

무성한 피질돌기 때문에 얼핏 지저분해 보이는 괴도라치나 왜도라치, 수족관에 넣어두면 재롱도 잘 피우는 베도라치가 있다. 그런데 이 물고기들은 낚시꾼들에게도 환영받지 못한다. 미끼를 깊게 물어 낚시 바늘을 못 쓰게 하는 일이 많기 때문이다.

흰베도라치의
치어(어린 물고기)는
말려서 눌린 상태의
뱅어포로 유통된다

베도라치

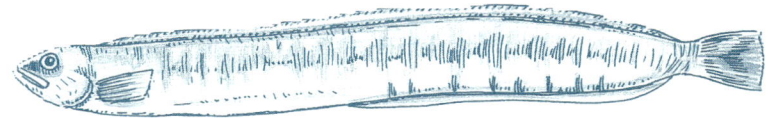

흰베도라치

괴도라치

왜도라치

　찬 바다에 사는 도루묵은 옛 임금 입맛의 변덕 때문에, 은어에서 도루묵으로 되었다는 전설도 있다. 하지만 전설상의 평가절하와는 달리 10~12월 사이 산란기가 제철일 때는 지방질이 차올라 맛이 좋다.

　특히 알 밴 암컷은 귀하게 취급된다.

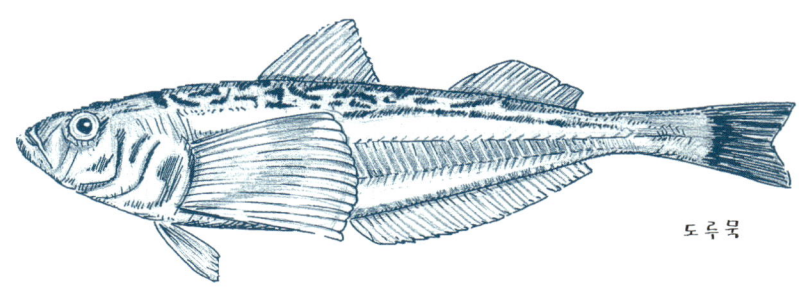

도루묵

　이름과 같이 투박한 외모를 가진 통구멍은 눈이 거의 머리의 등 쪽에 위치
한다. 바닥에 숨어 눈만 내놓고 지나가는 먹잇감을 노리기 위함이겠지.

　서양에서는 그 모습이 마치 별을 보고 있는 것 같다고 해서 '스타 게이저'
(star gazer)라고 부른다. '별을 응시하는 물고기'라는 뜻이다. 그냥 '보는 것'
도 아니고 '응시'한다는 이 물고기의 영어 이름이 하도 멋스러워 나는 통구
멍이라는 다소 거친 이름 대신 '별바라기'라고 부르고 싶다.

　물론 외모와 이름이 별로 어울려 보이지는 않지만, 이름만 바꾸어 불러도
훨씬 더 친근하고 가깝게 느껴진다.

똥구멍
'06 · 3 · 14. 童

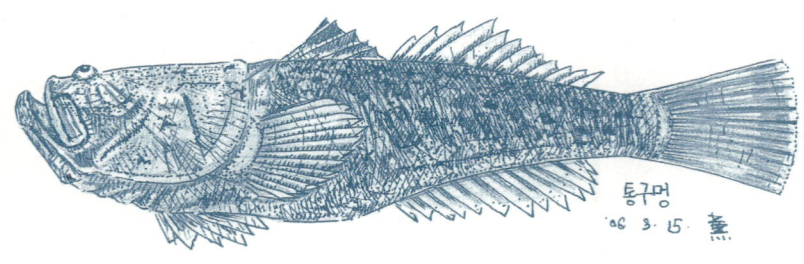

똥구멍
'06 3. 15. 童

뻘바라기

망둑어. 흔한 물고기의 대명사이다.

망둥어, 망둥이로 많이 불리지만, 정확하게 '망둑어' 이다.

다만, 말뚝망둥어만 망둥어라고 부른다.

이 녀석들은 서해안에서 낚시로 잘 잡히는데 가을이 제철이다. 미끼를 잘 물어 어린이나 초보낚시꾼도 쉽게 잡을 수 있는 풀망둥어로부터 고도의 기술이 필요한 낚시법인 '훑치기' 로 잡는 짱뚱어까지 다양한 어종이 있다.

풀망둑

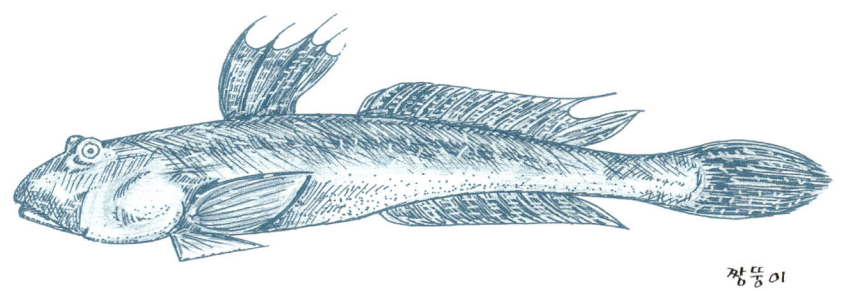

짱뚱이

서해의 갯벌에서는 물이 빠지고 난 후 작은 조수웅덩이나 물길에서 활발히 움직이는 망둑어의 치어들을 볼 수 있다. 지금은 망둑어가 흔하다고 하지만 언제 또 이 물고기들이 우리 곁을 떠날지 모른다. 특히 최근에 개체수가 현저히 줄고 있는 짱뚱어의 감소원인은 해양오염에 의한 서식지의 파괴가 그 탓이다. 결국 생물의 종의 보존은 우리의 손에 달려 있다.

민어의 경우처럼 예전엔 값싸고 흔한 물고기가 지금에 와서는 드물고 비싸게 된 일이 있는데 갈치도 그렇다.

보기에도 싱싱한 갈치는 쉽게 사먹기에는 부담스럽다.

갈치는 갓 잡아 올렸을 때, 눈부신 은빛 몸체와 투명한 지느러미가 길고 날카로운 외형과 어울려 대단히 멋지다. 이빨이 몹시 날카로워서 어부들은 갈치를 잡을 때 주의를 기울인다. 비늘이 없는 갈치몸체의 은빛 성분에는 '구아닌' 이라는 물질이 있어서 잘못하면 알레르기 반응을 일으켜 복통이나 두드러기를 일으킬 수도 있다. 하지만 갈치는 구이나 조림으로 많은 인기가 있다.

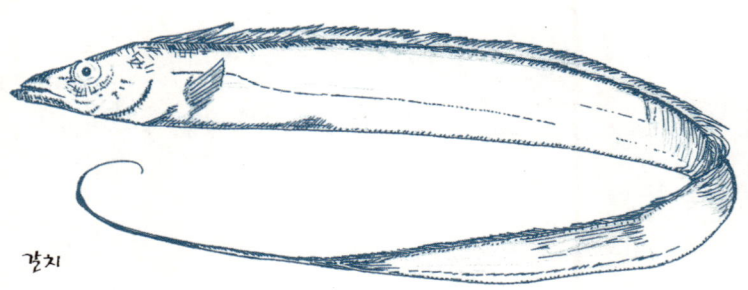

갈치

고등어과의 어류 또한 우리에게 아주 친숙하다.

고등어를 비롯해 참치로 알려진 다랑어, 삼치 등이 있다.

고등어과의 어류들은 전형적인 방추형의 몸과 깊게 파인 초승달 모양의 지느러미를 가져 유영속도가 빠르고 먼 바다까지 나갈 수도 있다.

고등어에서 보이는 붉은 살, 즉 적색근은 산소공급이 잘 되어 장시간 유영을 하기에 적합하다. 또 고등어는 죽으면 자가소화가 빨라 잘 상하게 된다. 이때 독성물질이 발생하여 잘못 먹으면 식중독에 걸릴 수도 있다. 그런데 시장에서 겉으로 보아서는 판단하기가 어려워 잘 살펴보아야 한다. 이렇게 잘 상하기 쉬워 보관과 수송이 어려웠던 옛날에는 소금에 절여져 자반으로 유통이 되었다. 오늘날에도 경상도 지방에서 유명한 간고등어도 바로 절여진 고등어이다.

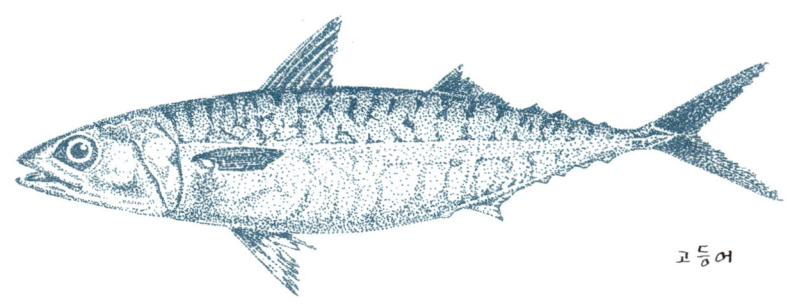

고등어

다랑어라는 정식 이름보다 참치라는 방언이 더 잘 쓰이는 이 물고기는 고등어과 어류답게 역시 방추형 몸체에 꼬리지느러미는 초승달 모양이다.

거기에 3미터에 이르는 거대한 몸집은 바다 속에서 최상의 포식자의 위치에 있게 한다. 우동국물 내는데 쓰이는 가다랑어(가쓰오), 긴 부리 같은 윗턱을 가진 새치들도 다랑어에 속한다. 새치류는 값비싼 다랑어 대용으로 쓰이기도 한다. 그런데 새치류나, 다랑어류는 이젠 우리나라에서 볼 수 없어 전부 동남아나 원양에서 수입해 온다.

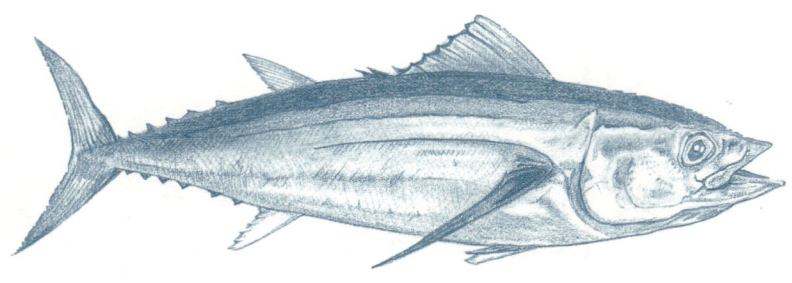

눈다랑어

지구상 모든 생물의 천적은
사람이 아닐까?
참치도 무절제한 남획으로
이젠 멸종이 멀지
않았다고 한다

녹새치

넙치(광어)나 가지미류는 마치 몸이 반쪽인 것처럼, 혹은 넙적한 가오리류처럼 보인다. 하지만 사실 이 물고기들은 왼쪽이나 오른쪽으로 누운 상태이다. 눈이 몸의 한쪽에 몰려 있어 등위에 눈이 있는 것 같지만, 이 물고기들도 어린 물고기 시절엔 다른 물고기처럼 눈이 몸의 좌우에 위치한다. 그러다가 점점 자라면서 눈이 한편으로 몰리게 된다. 이때 넙치는 몸의 왼편으로 가자미는 몸의 오른편으로 이동하게 되는 것이다.

넙치나 가자미나 모두 저서성, 그러니까 서식공간이 주로 바다의 바닥인 어류이다. 납작한 모양처럼 바닥이나 모래 속에 몸을 숨기고 눈만 내놓은 상태로 먹잇감을 기다린다. 특히 넙치는 눈 없는 쪽(무안측)의 이빨이 더 억센데 이것은 바닥에 있는 먹이를 더 효율적으로 먹기 위한 장치로 보인다.

앞에서 말한 고등어가 적색근이 발달하여 먼 곳을 장시간 유영하기에 적당하다. 이에 반해서 넙치, 가자미들은 백색근이 발달하여 장시간 유영하기엔 적당하지 않다. 대신 순간적인 힘을 내기에 유리하다.

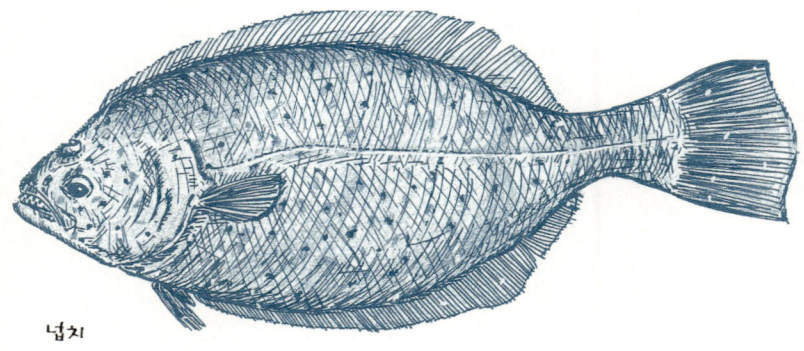

넙치

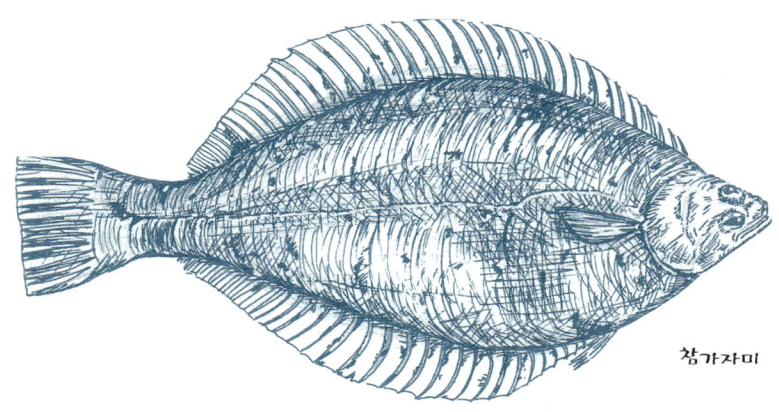

참가자미

도다리

넙치는 겨울에 깊은 바다로
이동 했다가
여름이면 얕은 곳으로
이동한다

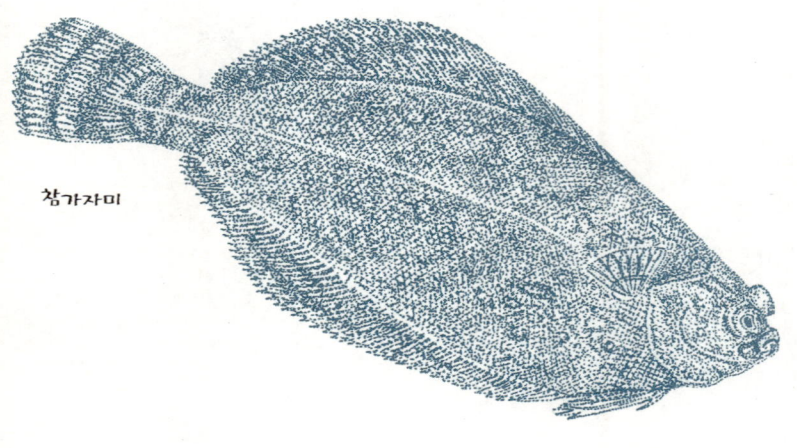

참가자미

소의 혀처럼 생겨 서대라고 불리는 물고기들이 있다. 이 물고기들도 눈 위치의 좌우에 따라 참서대류와 납서대류로 나눈다.

어디서든 사람이 보는 눈은 비슷한 것 같다. 서양이나 동양이나 이 물고기의 이름에는 혀 설(舌, tongue)자가 들어간다.

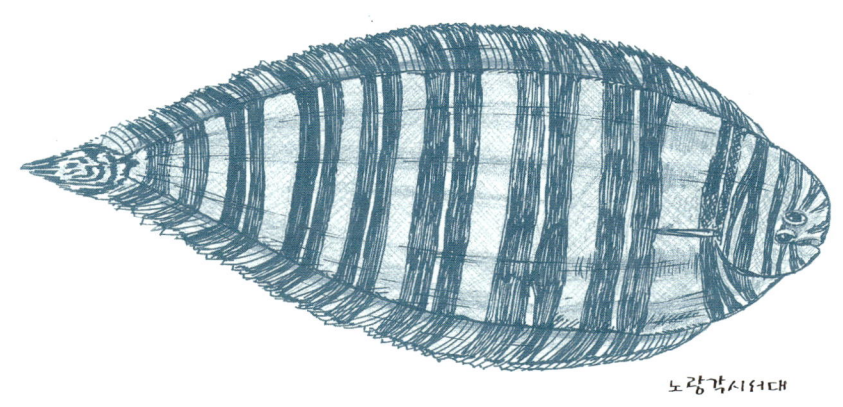

노랑각시서대

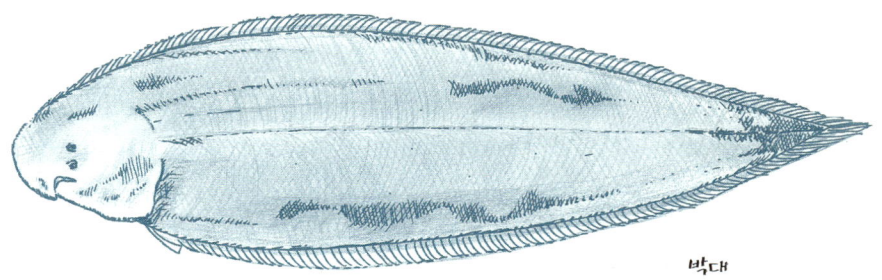

박대

쥐치는 건어물로 더 잘 알려져 있다. 최근에는 쥐치가 해파리를 잡아먹는
다 하여 해파리 방제를 목적으로 어린 쥐치를 방류한 적이 있다. 그런데 그 효
과는 의문이라고 한다. 아마도 자연 상태의 물고기와 인공으로 배양한 물고
기의 생태와 습성이 다른 까닭이겠지.

입이 작고 첫 번째 등지느러미는 안테나처럼 쭉 솟아 귀엽다.

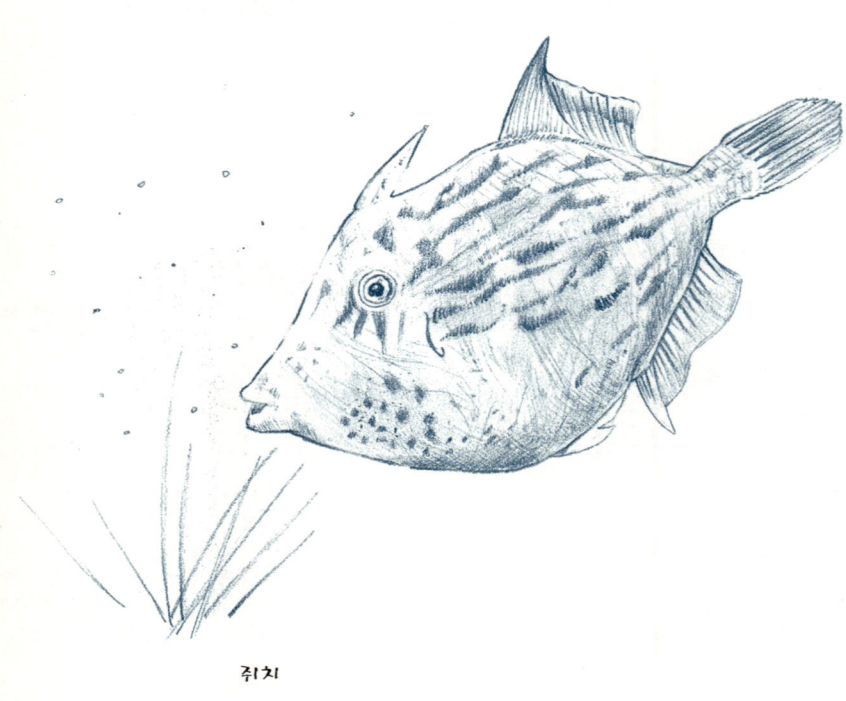

쥐치

복어는 한자로 하돈(河豚)이라고 쓴다. 황복은 산란을 위해 강으로 회유를 한다. 그래서 옛 사람들은 '강'을 의미하는 하(河)자를 썼을 것이다.

또 공기나, 물을 잔뜩 품은 복어의 모습이 돼지(豚, 돈)를 연상시키기도 한다. 복어는 놀라거나 경고의 의미로 위와 연결된 '팽창낭'이라는 주머니에 물이나 공기를 채워 몸을 부풀린다.

무엇보다 복어하면 가장 먼저 떠오르는 것은 복어독이다. 모든 복어가 다 독을 갖지는 않으나, 일단 독을 가지면 치명적이다. 간, 생식소, 표피 거의 모든 신체부위에 독을 갖는다. 그 강력한 독은 주로 먹이로부터 흡수하여 축적된다.

몸을 부풀리면 밤송이 같은 가시복은 그 자체로 경고와 보호가 되는 까닭인지 따로 독을 갖고 있지는 않다.

복어의 근육은 섬유질이
많아서 회요리를 할때
종이처럼
얇게 저민다

황복

복섬

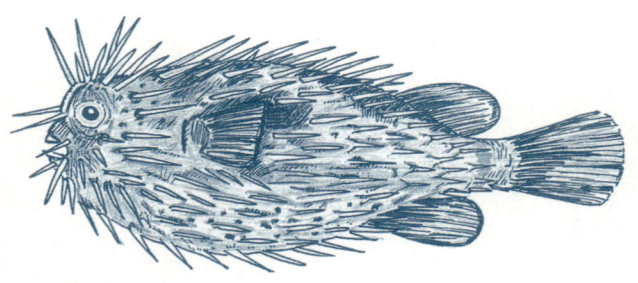

가시복

위험한 물고기들

복어처럼 먹으면 위험해지는 물고기도 있고, 어떤 물고기는 잘 못 건드리면 심하게 쏘는 물고기도 있다.

이름부터 심상치 않아 범치, 쏠치라고도 불리는 쑤기미는 생김새도 위협적이다. 보기에도 날카로운 등지느러미에 찔리면 격심한 통증과 함께 혼수상태를 초래하는 경우도 있다.

물이 빠져나간 갯바위에 형성된 작은 조수웅덩이에도 가끔 나타나는 미역치는 귀여운 외모와는 달리 등지느러미에 찔리면 통증이 대단하다.

평범한 외모의 독가시치는 수중에서 다이버가 다가오면 도망가기보다 슬쩍 뒤로 돌아 등지느러미로 위협한다고 한다. 역설적이게도 이 무서운 물고기들은 고급 어종으로서 횟감 등으로 요리된다.

이들 물고기 모두 자신이 위험할 때, 방어의 수단으로 독침을 사용할 뿐이고 먼저 공격하는 일은 없다.

처음보는 물고기는
일단 주의해야 한다
잘못 만지면 다치는 경우도
있기 때문이다

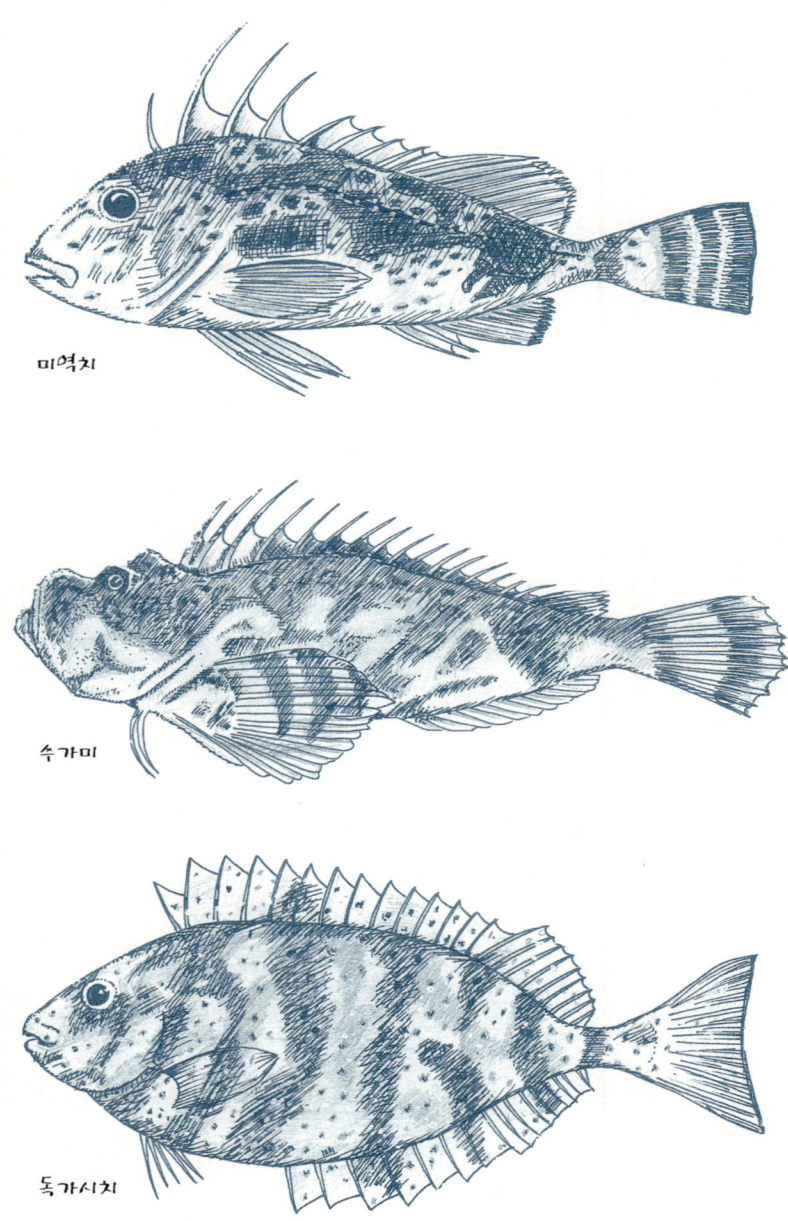

미역치

쏙가미

독가시치

몸체도 그렇지만 입 주위에 나 있는 수염 때문에 메기처럼 보이는 쏠종개도 가슴지느러미와 등지느러미에 강한 독가시가 있다. 한 방향으로 몸을 포개어 무리 생활을 한다.

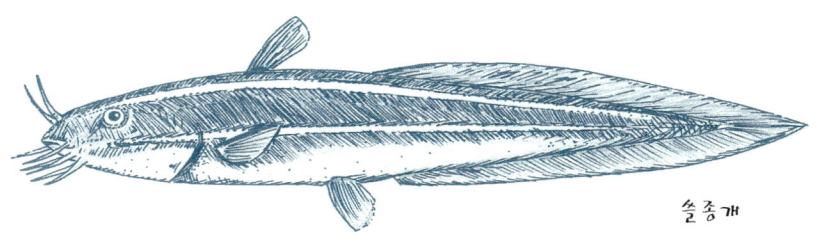

쏠종개

쏠종개처럼 담수에 사는 메기 모양의 물고기들이 있다.

꼼치는 물 밖으로 건져 올리면 몸의 형태가 유지되지 않을 정도로 피부와 근육이 무르다. 바닥에 서식하며 갑각류와 어류를 잡아먹는다.

붉은 메기는 아래턱에 한 쌍의 긴 수염이 있는데, 학자에 따라 배지느러미의 변형으로 보기도 한다.

꼼치는 생김새 때문에
바다메기라는
방언을 갖고 있다

꼼치

붉은메기

독특한 외모의 물고기

유난히 눈이 큰 물고기들이 있다.

빨간양태과의 눈양태는 돌출된 눈이 머리를 압도한다.

이름처럼 주걱과도 같은 주걱치도 커다란 눈이 인상적이다. 서양에서는 블랙핀 스위퍼(Blackfin Sweeper), 청소부라고 부른다. 우리나라에선 제주에 주로 산다. 역시 눈이 머리의 대부분을 차지하는 둥글돔도 눈의 크기가 대단하다.

물고기의 눈이 큰 이유는 아마도 주변경계를 위한 것일지도 모른다.

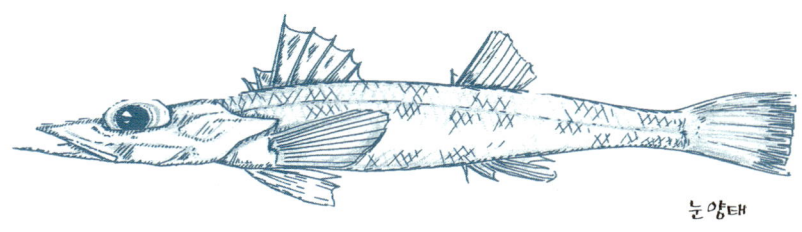

눈양태

생물들은 경고의 의미로
화려한 몸색을 지니기도 하고
경계의 의미로
큰 눈을 가지기도 한다

둥글돔

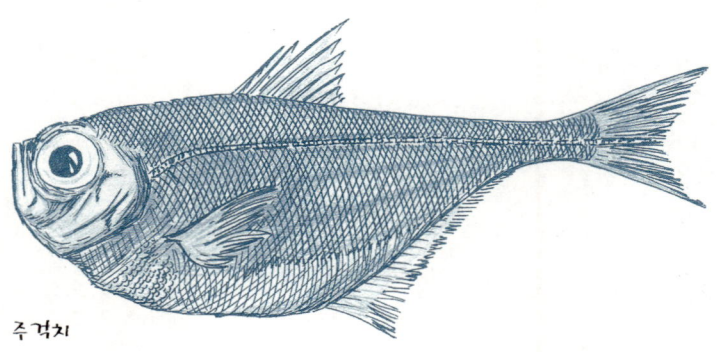

주걱치

눈이 크지는 않지만 주걱치와 비슷한 이름의 주둥치가 있다.

입을 대롱모양으로 주욱 내밀어 수축이 가능하기 때문에 재미있는 이름을 가지게 되었는데, 영어 이름도 미끄러지는 입 이라는 슬립 마우스(slip mouth)이다. 잘 손질하면 훌륭한 맛을 내지만 상업적인 가치가 없어 잡어로 취급한다.

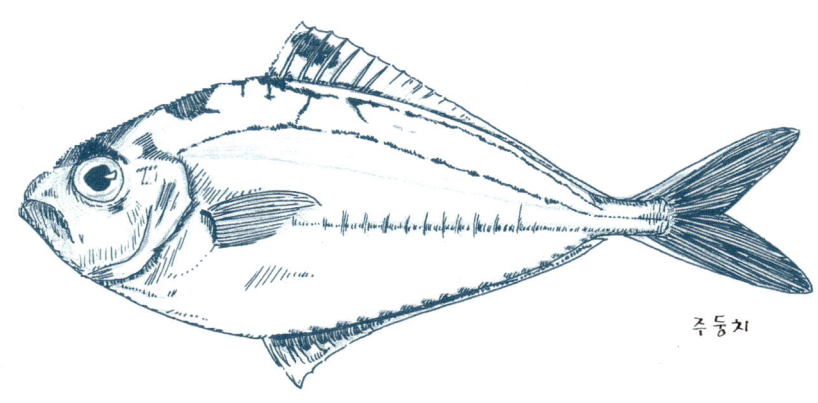

주둥치

외모에 빗댄 물고기의
이름은
재밌기만 하다

머리가 말과 닮은 민달고기는 입을 쭉 내밀면 갈기와 같은 등지느러미와
어울려 영락없이 말처럼 생겼다.

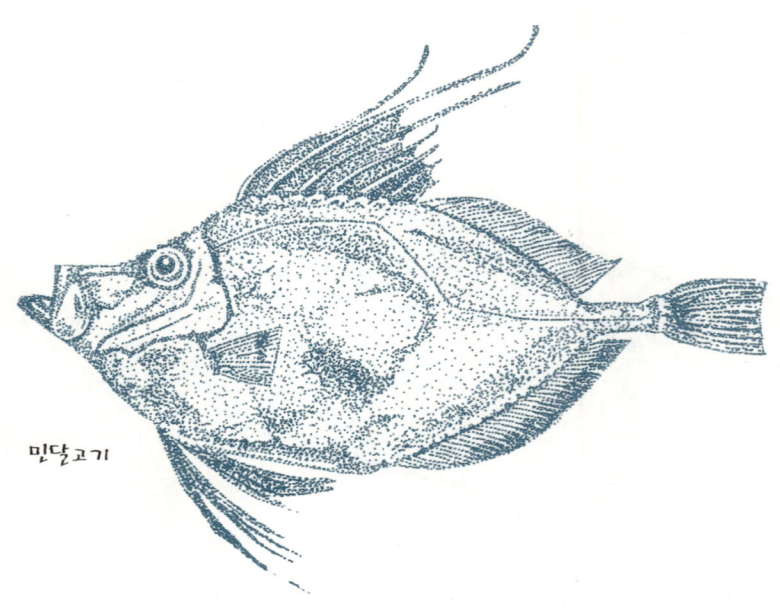

민달고기

온몸에 피질돌기가 나있는 삼세기는 얼핏 보면 쑤기미처럼 생겨 천적 물고
기가 접근하지 않는다. 하지만 쑤기미처럼 독침은 지니고 있지 않다. 외모만
보면 별로 정이 가지 않지만 겨울철 별미로 사랑받는다.

삼세기는 쑤기미 닮은 덕을 보기도한다
천적 물고기들이 삼세기를
쑤기미로 오인하여 공격하지 않는
경우도 있기 때문이다

삼세기

　주방의 프라이팬에다가 닭다리를 붙이면 민부치가 된다. 둥글고 납작한 몸에 돌기와 가시들이 돋아 있고 거기에 눈매까지 날카로워 살짝 무섭게 생겼다. 부산지역에서 가끔 볼 수 있는 드문 물고기이다.
　역시 부치과의 꼭갈치도 크기는 작지만 뾰족한 몸체가 화살표 같다.

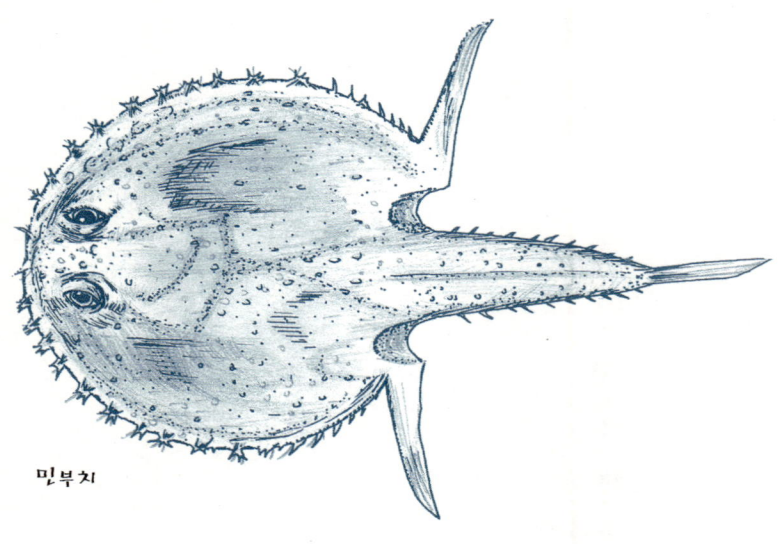

민부치

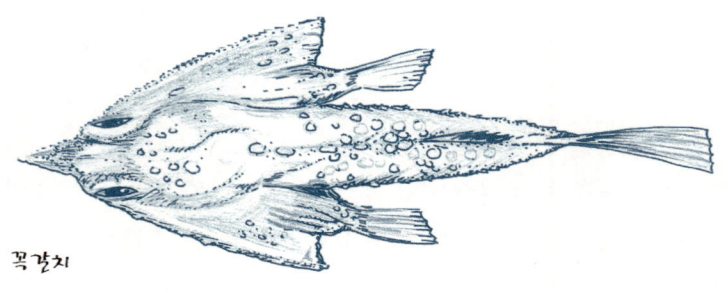

꼭갈치

날개줄고기과의 어류들은 개체수도 적고 상업적 가치가 없어 잡어로 취급된다. 어시장에서 조차 보기 어렵고 산지에서 겨우 소비되는 정도이다.

피노키오의 코처럼 주둥이 위에 긴 수염과 돛 같은 등지느러미를 가진 고양이줄고기, 입가에 수염을 드리우고 넓고 투명한 잠자리 날개와 같은 지느러미를 가진 날개줄고기도 특이하다.

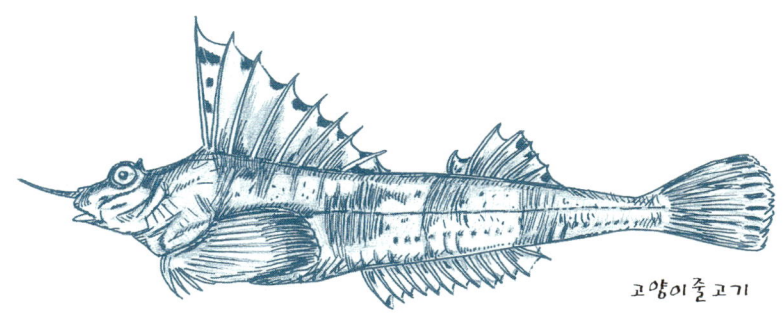

고양이줄고기

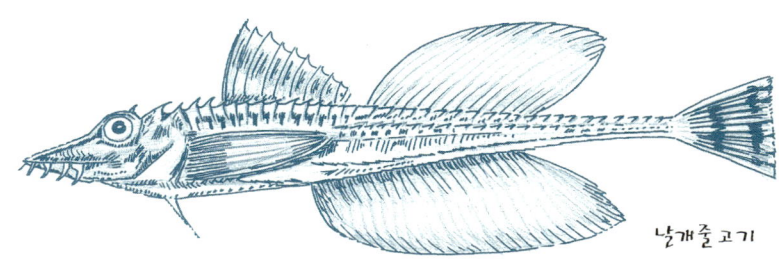

날개줄고기

다른 종이지만, 망토돗양태도 크기는 10센티미터 정도에 불과하나 날개 같은 지느러미를 망토처럼 펼치고 있다.

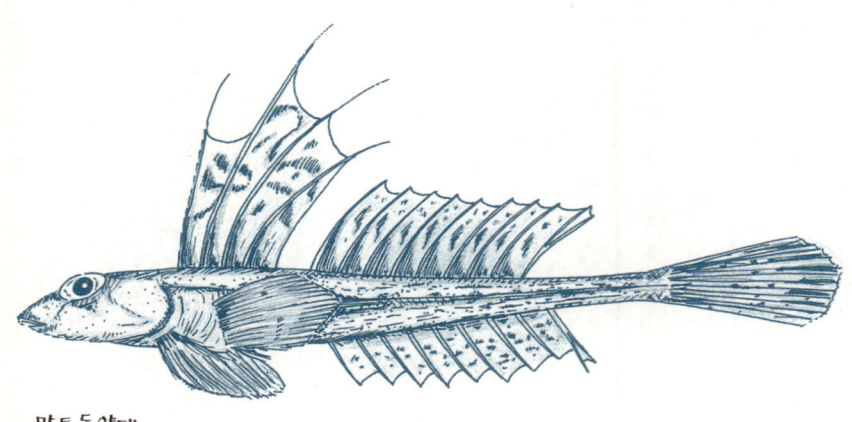

망토돗양태

제주해역과 같이 따뜻한 바다에는 화려한 물고기들이 많이 산다. 관상어로 수족관에서 볼 수 있는 물고기들이 있는데, 만화에도 자주 나오는 깃대돔은 화려한 몸과 긴 주둥이, 무엇보다 길게 연장된 등지느러미가 유독 멋지다.

깃대돔

　흰동가리만 말미잘과 공생하는 것이 아니라 이름처럼 예쁜 물고기인 샛별
돔도 말미잘과 공생한다.

흰동가리

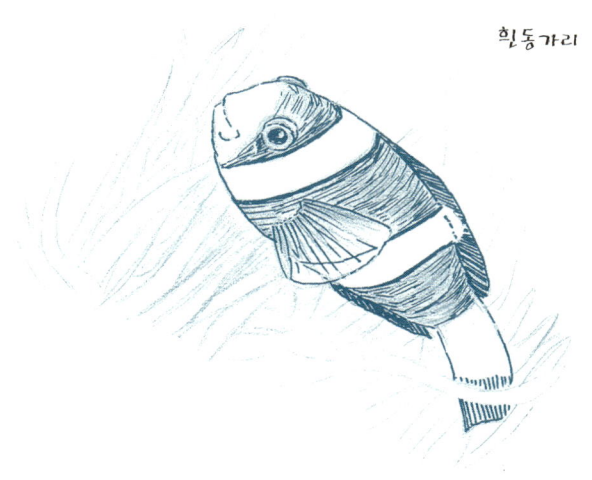

휜둥가리는 난소와 정소를 한 몸에
갖고 있어 상황에 따라

암컷이나 수컷으로
성전환을 한다

새벽동
'05. 1. 20 熹

말미잘은 자포를 발사하여 물고기를 마비시켜 잡아먹는다. 흰동가리는 자포의 독성을 견딜 수 있는 점액을 분비하여 몸에 둘러 자포의 독성을 견딜 수 있다.

또 흰동가리는 난소와 정소를 한 몸에 지닌 자웅동체라서 상황에 따라 적응하여 암컷이나 수컷의 기능을 한다.

자리젓으로 유명한 자리돔 중에도 선명한 노란색 노랑자리돔은 바다 속에서 그림처럼 무리지어 유영한다.

노랑자리돔
'06 8 30 薰

짙고 선명한 파란색의 몸체에 검은 점이 있는 예쁜 파란점자돔도 역시 자리돔과의 물고기이다.

　　말미잘은 죽음의 덫이
　　되기도 하지만
　　흰동가리와 샛별돔에겐
　　포근한 안식처가 된다

눈에 나있는 검은 줄무늬가 판다 같은 나비고기류도 수족관에서 종종 볼 수 있는 관상어이다.

가시나비고기

벌써 지겹다고?
휴식할 겸 '바다만화경'
보고 시작하자.

넙치(광어)는 두눈이 입의 왼쪽에 몰려 있습니다.

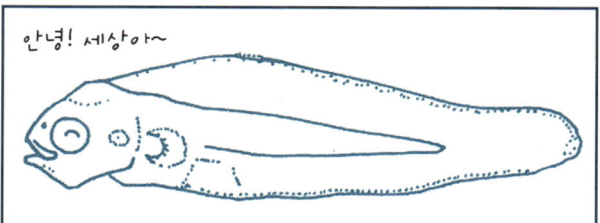

안녕! 세상아~

막 알에서 깨어난
자어의 몸빛깔은 투명,
두 눈은 좌우에
위치하지요.

머리에 힘 좀 줬지~

중기자어

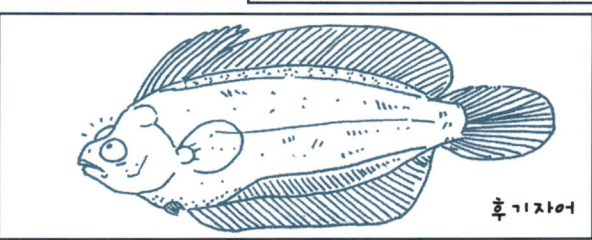

앗! 오른눈이
슬금슬금~

후기자어

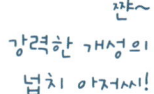

짠~
강력한 개성의
넙치 아저씨!

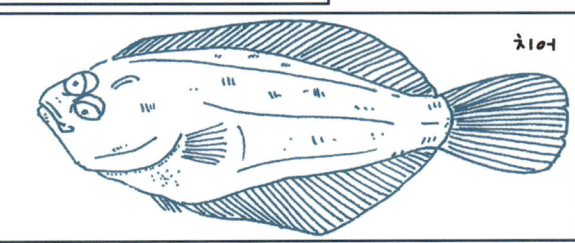

치어

자어는 뭐고, 치어는 또 뭐여?
걍 새끼물고기라고 하면되지.
아니면 물고기 새끼라던가…

←깻잎머리 박씨

다 과정에 따라
정확한 명칭이 있는게요!

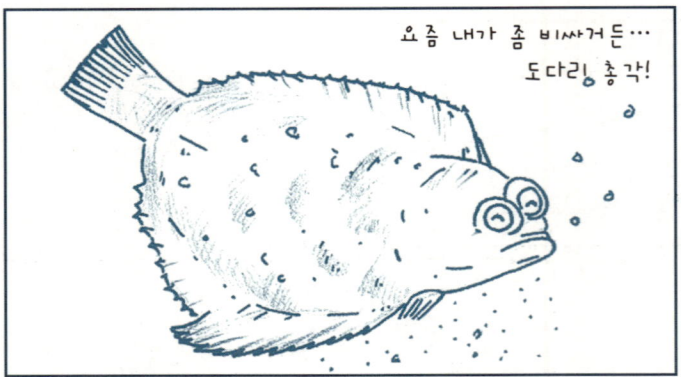

요즘 내가 좀 비싸거든…
도다리 총각!

넙치와 반대편에 눈이
위치한 도다리등의
가자미 종류도 넙치와
같은 변태를 합니다.

재미있는 만화를
기대한 당신….
속은게요. 학습만화가
재미있는 것 보셨소?

'06. 1. 25. 薰

깻잎머리 박씨

두 번째 현미경_
갯벌생물(저서생물)편

저서생물(底棲生物)이라는
모두가 높은 곳만을 지향 **다소 생소한 말.**
하고 있는데도 낮은 곳(底), 혹은 밑바닥(棲)에 깃들다.

　낮은 곳에서 치열한 삶으로 세상을 살아가는 자세를 온몸으로 보여주는 아주 작은 게들, 고둥들. 갯벌에 가면 어디나 교실이고, 모두가 스승이고 일어나는 모든 일이 배움이다.

　사는 공간이 해저 바닥인 저서생물 종류에는 저서식물과 저서동물이 있다. 저서생물 또한 생활 형태나 습성에 따라 다양한 생태를 보인다. 여기에서는 갯벌생물을 중심으로 저서동물에 대해 이야기 해 보겠다.

우리가 갯벌이라고 부르는 곳은 '조간대' 라는 곳이다.

갯벌, 조간대란 조수에 의해 하루에 두 번씩 물에 잠기었다가 대기 중에 노출되는 너른 땅을 말한다.

갯벌은 그 입자의 구성에 따라 펄갯벌, 모래갯벌, 혼합갯벌, 바위해변으로 나뉜다. 아주 고운 진흙으로 이루어져 발이 푹푹 빠지는 펄갯벌, 넓은 모래사장 같은 모래갯벌, 모래와 진흙이 섞인 혼합갯벌, 파도가 부딪히는 바위해변.

전혀 다른 환경의 이들 갯벌은 또한 그 만큼의 다른 환경을 제공하여 다양한 생물군의 여러 습성을 보여 준다. 물이 빠지는 썰물 때에 미처 빠져 나가지 못한 물이 크고 작은 웅덩이를 이룬 조수웅덩이도 갯벌생태계의 중요한 자리를 차지한다.

갯벌은 저서생물의 삶의 터전이 되고 어류에게는 산란, 보육장의 역할을 하여 종의 보전을 위해 없어서는 안 될 공간이다. 또한 육상에서 흘러나온 물을 정화하여 바다로 내보내는 정화의 장소이기도 하다. 환경을 지키는 중요한 관문 역할을 하고 있는 것이다.

자연이 늘 그래왔듯이 갯벌 또한 여러 생물들과 사람들에게 일방적으로 베풀기만 했다. 갯벌에 사는 생물들은 각자의 위치에서 열심히 살며 갯벌을 위해 애썼다. 하지만 우리들은 갯벌의 베풂 을 받기만 하고 돌보는 데는 인색했다. 이뿐만 아니다. 베풂을 받는 것만으로도 모자라, 갯벌에게 땅을, 쌀을, 공장을 요구하여 결국 메워버리기까지 했다.

이제부터라도 작은 관심을 가져야겠다.

파도를 스쳐온 바람의 전언과
귀여운 달랑게의 속삭임에 살며시
귀를 기울여 본다.

1) 절지동물 이야기

절지동물 중에서 갯벌의 대표적인 생물인 갑각류에 대한 이야기이다.

해변, 갯벌에 들어서면 가장 먼저 만나게 되는 따개비에서부터 심해에 사는 대게에 이르기까지 다양한 생물군을 이루는 갑각류는 수산적 가치로도 큰 자리를 차지한다.

그 가운데 게류는 작고 다부진 외모로 갯벌을 찾는 사람들의 관심을 독차지한다.

게류는 단단한 갑옷을 두른 머리와 가슴이 합쳐져 두흉부를 이루고 다섯 쌍의 다리를 가진다. 첫 번째 다리는 집게발이다. 다 성장해도 1센티미터도 안 되는 속살이게, 한 쪽 집게발만 유난히 큰 농게, 그리고 감칠맛으로 인기가 많은 꽃게 등 여러 종류의 게들이 있다.

갯벌에서 볼 수 있는 게들은 갑각이 2~3센티미터의 작은 게들이다. 꽃게나 대게 같은 큰 게들은 깊은 바다로 나가 그물로 잡아야만 볼 수 있다.

썰물에 물이 빠지면 엄청난 무리의 게들이 갯벌 위를 일사불란하게 움직이는 모습을 볼 수 있다. 작은 몸을 이리저리 바쁘게 움직이는 모양이 웃음을 자아내게 하면서도, 경이롭기 조차하다. 바닷가 갯벌이나 모래에서 볼 수 있는 게들은 대부분 바위게나 달랑게과의 무리들이다.

작은 몸을 이리저리
바쁘게
움직이는 모양이 웃음을
자아내게 하면서도 경이롭기 조차 하다

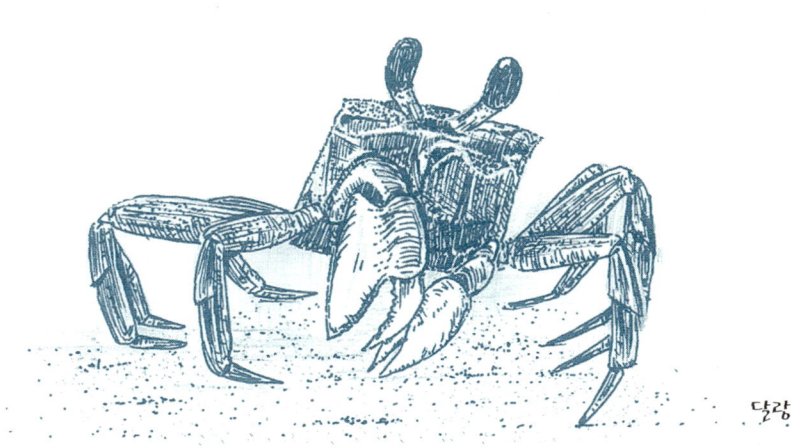

달랑게

게의 암수구분은 게를 뒤집어 배 부분을 보면, 쉽게 알 수 있다. 배를 덮는 덮개가 둥글면 암컷, 사다리꼴로 좁으면 수컷이다.

또 게를 뒤집지 않더라도 집게발을 볼 때, 상대적으로 큰 게가 수컷이다. 가을철 갯벌에서 커다란 집게발을 흔드는 농게들의 군무를 볼 수 있다. 물론 농게도 암컷의 집게발은 작다.

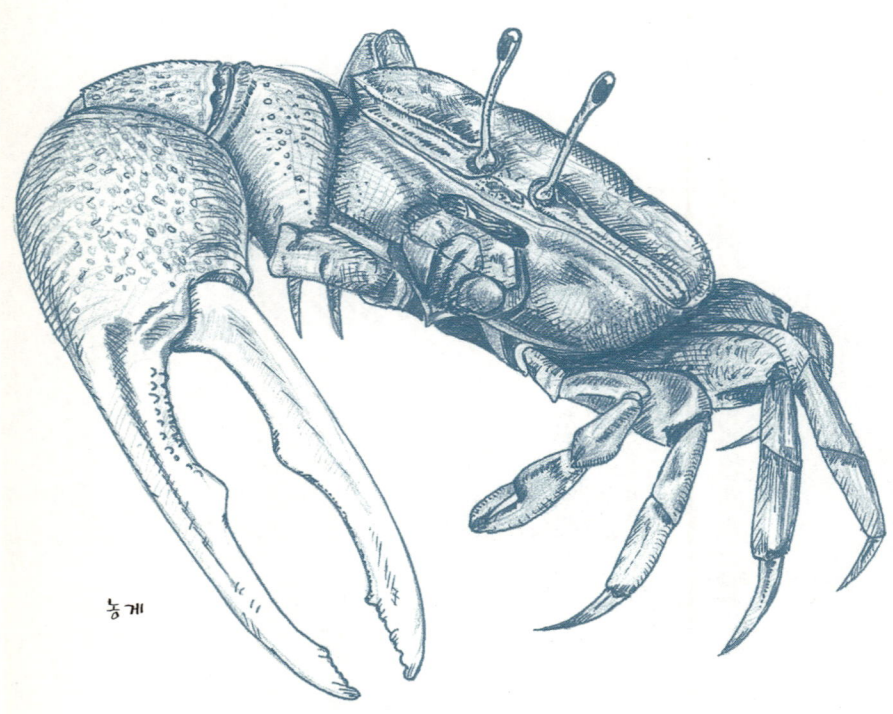

농게

발이 푹푹 빠지는 펄갯벌에는 칠게들이 많다.

어촌에서는 칠게를 잡아 낚시미끼로 이용하기도 하고 절구에 찧어서 젓갈로 담가 먹기도 한다. 요즘엔 칠게 전용 함정어구로 칠게를 싹쓸이 하듯 잡아들인다고 하니, 이렇게 또 한 생물이 사라져 갈까 걱정스럽다.

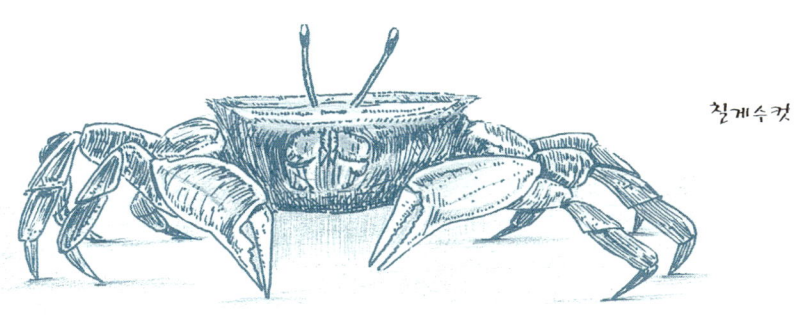

칠게 수컷

칠게암컷

긴 눈자루를 높이 세워 경계하며 좌우로 이동하는 칠게와 비슷한 종으로 길게가 있다. 길게는 주로 모래와 진흙이 섞인 혼합갯벌에 산다. 이 녀석은 수컷끼리 다툴 때 긴 몸과 다리를 한껏 늘여서 짧은 쪽이 깨끗이 싸움을 포기한다.

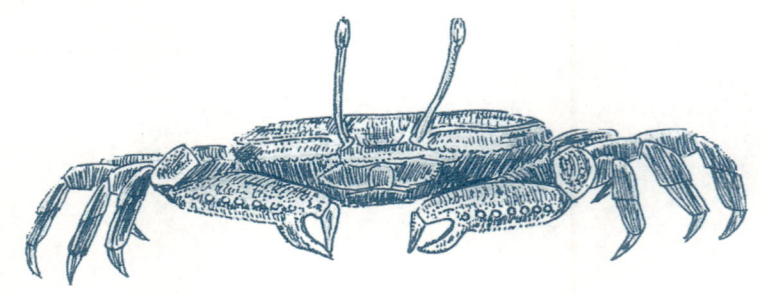

길게

듣는 입장에서는 대단히 기분 나쁠 말똥게와 도둑게는 붉은 집게발이 꼭 봉숭아물을 들인 것 같다.

이 게들은 물을 떠나서도 오래 살 수 있는 능력이 있어서 바닷가 민가로 불쑥 찾아오는 일이 있다. 배짱 좋은 녀석들이 가끔 산기슭에서도 발견된다고 한다.

말똥게

포란(알을 밴) 도둑게

보통 옆으로 걸어 횡행개사(橫行介士)라는 별명까지 있는 게이지만 특별히 앞으로 걷는 게들도 있다.

둥근 호빵 같은 몸을 가진 밤게가 대표적이다.

4~5월경 짝짓기에 한창인 밤게들을 볼 수 있다.

튼튼한 집게를 앞세우고 갯벌 위를 느릿느릿 앞으로 기어 다닌다.

밤게

모든 갯벌 생물들이 다 그렇지만 갯게나 방게처럼 갯벌은 물론 기수역의
강 하구 습지에 사는 게들도 생태계에 아주 큰 역할을 한다.

구멍을 파는 게들은
일단 굴 속으로 숨으면
좀처럼
잡아 낼 수 없다

갯게

바로 이들이 살기 위해 파놓은 굴이 산소가 통하는 공기통로의 역할을 하기 때문에 갯벌이나 습지토양을 비옥하게 한다. 어려운 말로 생물교반(生物攪拌)이라고 한다. 하찮아 보이는 작은 생물이 각자의 삶을 살면서 자연을 위해 큰일을 한다는 것이 대단할 뿐이다. 물론 앞서 말한 대로 갯벌에 굴을 파는 생물들은 모두 같은 일을 한다.

갯벌과 자연을 더 깨끗하고 풍요롭게 만들고 있는 작은 갯벌친구들의 모습에서 많은 가르침을 받는다.

바위게, 풀게들은 주로 바위지역에서 볼 수 있는 게들이다.

이들은 굴을 파지는 않고 바위틈이나 돌 아래 모여 산다.

갯가에서 돌을 들추면 화들짝 놀라 사방으로 도망가는 모양을 쉽게 볼 수 있다. 역시 전형적인 게의 모습으로 탄탄한 갑각이 인상적이다.

그런데 사람들이 호기심으로 바위나 돌을 들추는 순간에 미처 도망가지 못하고 돌 아래 깔려 죽는 게들이 무척 많다. 잠깐의 호기심에, 아무 생각 없이 하는 행동이 수많은 갯벌생물들의 소중한 목숨을 앗아가기도 한다.

사람의 손길에 맞서
작은 집게를
휘두르는 게의 모습이
귀여우면서도
안쓰럽다

무늬발게

등에 나 있는 무늬가 꼭 화난사람의 얼굴처럼 생긴 옴조개치레.

더구나 조개껍데기까지 등에 걸치고 다녀 마치 투구 쓴 무사와 같다. 그래서 일본에서는 무사의 혼이 깃들어 있다고 무사게라고 부르며 귀하게 여긴다. 4, 5번째 다리는 조개껍데기를 꼭 잡아 고정시킬 수 있도록 고리모양으로 변형되어 있다. 조개껍데기를 뒤집어쓰고 갯벌 위를 기어 다니는 모습은 생각만 해도 재밌다.

옴 조개치레

꽃게과의 민꽃게는 가까운 갯벌에서는 만나기 어렵고 갯벌 멀리 나가면 만나기도 한다. 사람과 마주치면 일단 도망가는 다른 게들과 달리 벌떡 일어서서 사람과 맞선다. 그래서 벌떡게, 범게라고도 불리고 또 다른 방언으로 '박하시'라고도 불린다.

꽃게류의 다섯 번째 다리는 헤엄을 치는데 쓰인다. 이 다리는 배를 젓는 노처럼 생겼다.

민꽃게

모든 갑각류는 성장을 위해 탈피를 한다.

게들도 예외가 아니다. 탈피할 때 모든 부속지가 탈피각과 함께 버려지고 부드럽고 쭈글쭈글한 갑각이 새로 나타난다. 주름이 펴지면서 그만큼 성장을 하게 되는데 이 때가 게들에겐 방어상 가장 취약한 시기이다. 게들은 새로운 갑각이 굳어질 때까지 바위틈이나 굴속에서 숨어 지낸다.

서양에서는 수족관에서 게를 키우면서 탈피한 게를 잡아 껍질 채 먹도록 요리하는 경우도 있다고 한다.

범게는 이름처럼 등에는 호랑이 얼굴이, 그리고 다리에는 호랑이 줄무늬가 있다. 그의 다섯 번째 다리는 꽃게처럼 유영을 위해 노처럼 둥글고 납작하다. 자연 상태의 개체가 많지 않아 흔히 보기 어려운 종이다. 요즘에 양식에 성공했다는 소식도 있다. 하지만 여전히 어시장에서도 보기가 쉽지 않다.

특히 범게는 전 세계적으로 우리나라 서해에서만 만날 수 있는 우리 고유 종이다.

범게의 등에 난
무늬는 영락없이 호랑이 얼굴이다
범게는 우리나라
서해에서만 산다

범게

게들은 갯벌을 찾는 우리들에게 쉽게 잡혀 어이없게 죽기도 한다.

스스로를 위해 자연을 위해 열심히 살아가는 게들.

갯벌을 찾았을 때 이 작고 귀여운 친구들을 만나거든 반갑게 웃어주고 제
자리로 돌려 보내주길.

게만큼이나 사람들에게 친숙한 새우.

새우는 게와 달리 꼬리가 길어 다리가 열개인 십각목 중에서도 장미류(長尾類)에 속한다.

새우는 우리의 식생활과 아주 밀접하다.

작은 새우인 젓새우는 김치의 주 젓갈로, 또 새우는 튀김이나 구이 혹은 찜으로 요리되어 인기가 많다.

새우 또한 외골격으로 이루어져 다른 갑각류처럼 성장을 위해 지속적인 탈피를 한다.

새우는 두흉부의 가슴다리 다섯 쌍으로 걷거나 혹은 먹이를 잡을 때 사용한다. 배부위에 있는 다섯 쌍의 다리는 헤엄을 치는데 사용한다. 이때 꼬리는 헤엄을 칠 때 중심을 잡는 키 역할을 한다.

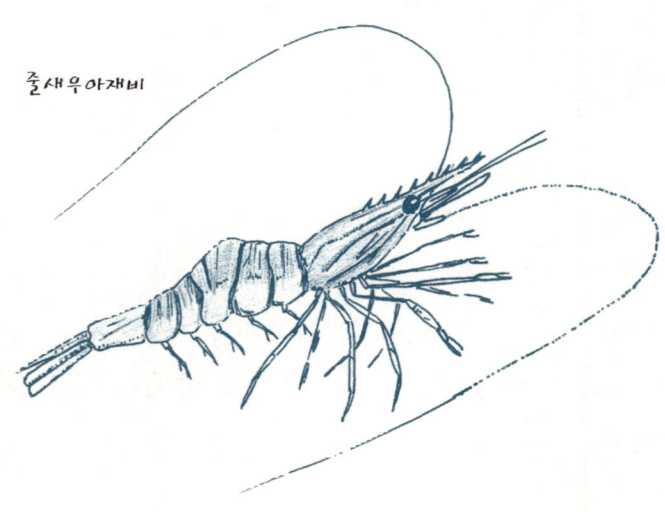

줄새우아재비

딱총새우는 야행성으로 모래바닥의 굴 속에서 생활한다.

길고 튼튼한 첫 번째 집게다리는 자신의 영역을 과시하거나 위협을 당할 때 '딱' 소리를 낸다.

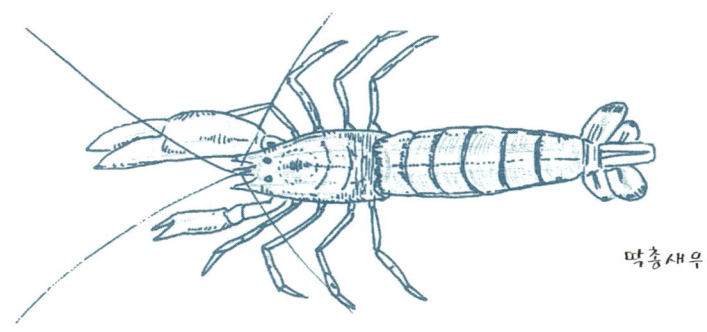

딱총새우

새우 또한 외골격으로
이루어져
다른 갑각류처럼 성장을 위해
지속적인 탈피를 한다

보리수확 철에 잘 잡힌다는 보리새우 역시 야행성으로 모래 속에 몸을 숨기고 산다. 어릴 때는 얕은 곳에 살다가 길이가 10센티미터 정도가 되면 먼 바다로 회유하여 산란을 한다. 이 새우는 우리나라에서 대하와 함께 구이와 튀김으로 인기가 있다.

양식이 활발하게
이루어지는

보리새우는 쉽게
찾아 볼 수 있는 생물이다

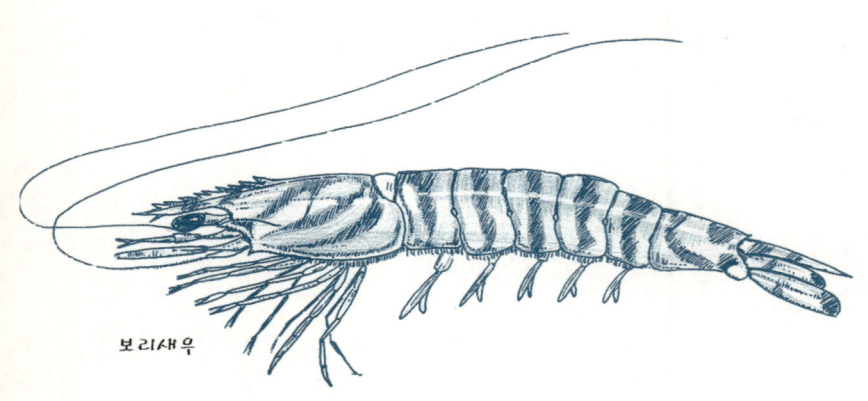

보리새우

바닷가재처럼 거다랗고 화려한 채색의 닭새우.

　우리나라에서는 제주에서 가끔 볼 수 있다. 이젠 그마저도 개체수가 급격히 감소하여 희귀하다. 수심 10미터 내외의 해조류가 많은 바위지역에 서식하며, 주로 밤에 활동한다. 두 번째 촉각이 길게 발달해서 몸의 길이보다 더 길다. 번식기가 되면 일렬로 줄지어 먼 바다로 걸어서 이동한다. 하루에 15킬로미터의 속도로 아주 긴 거리를 밤낮없이 줄기차게 간다.

닭새우

매미새우도 대형 갑각류로 몸길이가 30센티미터에 이른다.

넓적한 반원형의 판 같은 더듬이가 특이하다. 매미새우 또한 급속한 감소로 찾아보기 어려워 졌다.

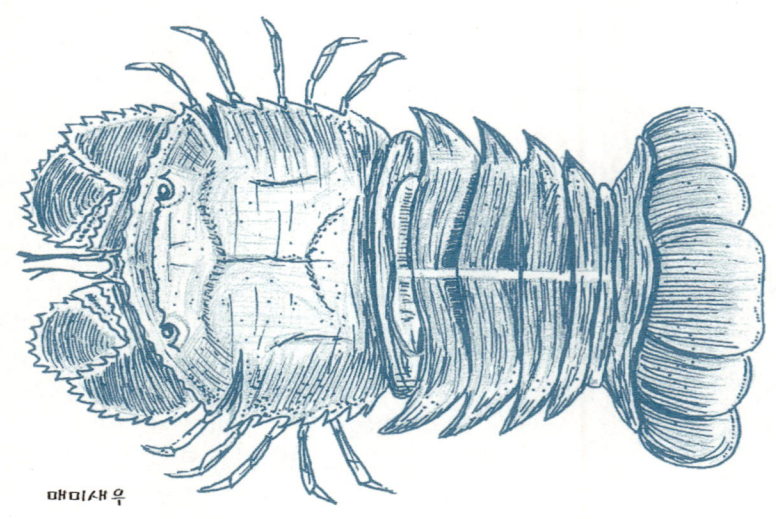

매미새우

매미새우와 함께 닭새우의 유연종인 부채새우는 넓은 갑각이 특별해 새우처럼 보이지 않는다. 갑각의 가장자리에 날카로운 톱니가 나 있는 부채새우는 제주와 남해에서 볼 수 있다.

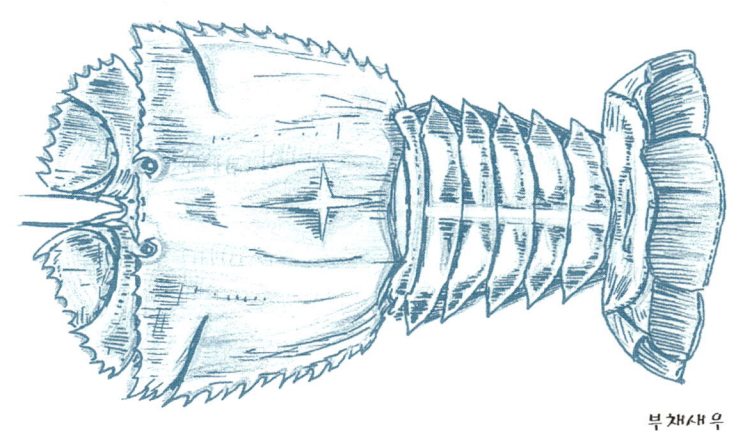

부채새우

새우류는 아니지만 같은 장미류(長尾類)에 속하는 갯가재가 있다. 이 녀석은 보기에도 날카로운 갈고리 같은 앞발을 휘둘러 작은 물고기나 다른 갑각류를 잡아먹는 포식자이다. 갯벌 멀리 나가면 갯벌 위를 슬금슬금 기어 다니는 모습도 간혹 볼 수 있다. 예전에는 새우대신 이용된 적도 있다.

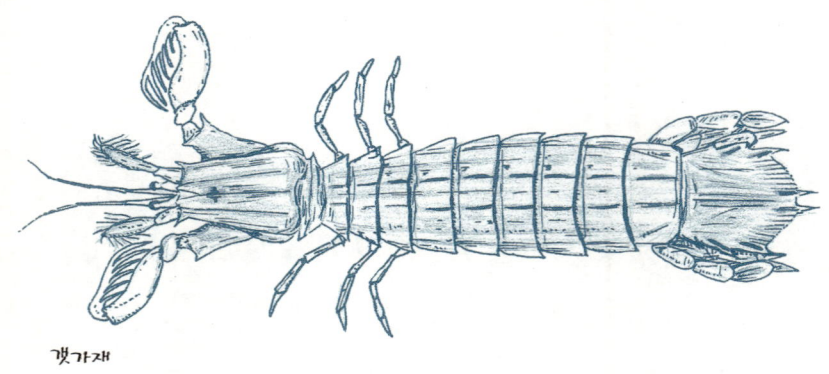

갯가재

새우양식이 보편화 되지 않았던
시절엔 비교적 흔했던
갯가재를 **값비싼 새우**
대신 이용했다

한때 염전의 둑에 구멍을 뚫어 염전을 못 쓰게 만들던 가재붙이들도 흔한 갯벌생물이었다. 하지만 염전 자체가 보기 어려워진 지금엔, 이 친구들 역시 눈을 크게 뜨고 찾아봐도 쉽게 눈에 띠지 않는다.

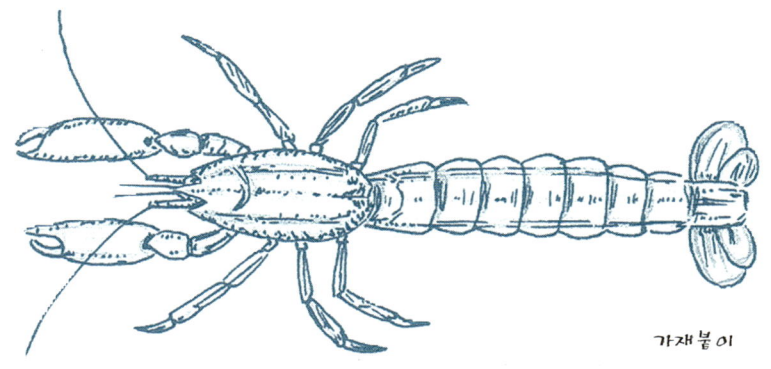

가재붙이

염전도 보기 힘들어지고
또 갯벌도 점차
줄어들면 또 얼마나
많은 생물들이 사라질까?

집게류는 게와 새우의 중간 형태를 갖는다. 꼬리 부분이 좀 다르게 생겼다고 해서 이미류(異尾類)라고도 한다.

집게들은 대부분 빈 고둥 껍데기 안에 들어가 생활한다. 이것은 아마도 바위틈에 몸을 숨기던 습관이 진화되어 그렇게 된 것이라고 추측된다.

고둥껍데기에서 빼낸 집게의 배를 보면 말랑말랑한 복부의 구조가 좌우 비대칭이고 작아져 휘어 있다. 그런데 보통 고둥의 꼬임에 맞도록 오른쪽으로 뒤틀어져 있다. 위험에 처하면 고둥의 껍데기 속으로 쏙 들어가서 튼튼한 집게발로 입구를 단단히 막는다. 이렇게 고둥 껍데기 속으로 몸을 숨긴 집게들을 밖으로 빼내기가 좀처럼 쉽지 않다. 억지로 빼내려 하면 집게발이 떨어져 나가거나 허리가 끊기게 된다. 이렇게 아주 예민한 집게는 근처에만 가도 껍데기 속으로 쏙 들어가 한동안 나오지 않는다. 그런데 내가 오랜 시간 관찰하고 경험한 것에 의하면, 서해방면의 집게들이 예민한데 비해 남해나 제주의 집게들은 손으로 잡아도 금방 몸을 내밀더군.

긴발가락 참집게 등면

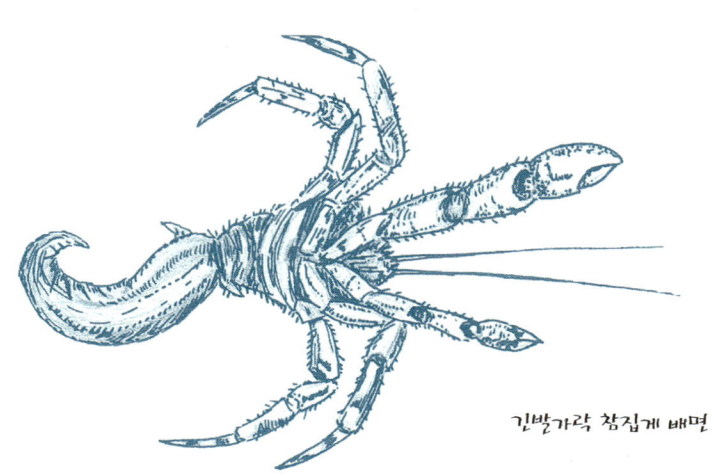

긴발가락 참집게 배면

집게

모든 집게들이 고둥 껍데기를 이용하지는 않는다.

또 몸은 새우나 게의 형태이지만 집게류로 분류되는 종이 있다.

쏙은 새우모양을 한 집게이다.

쏙이 사는 구멍에 막대를 넣고 재빨리 뽑으면 쏙이 '쏙' 하고 딸려 나온다. 또 다른 방법으로 쏙이 사는 구멍에 다른 쏙을 실로 묶어 집어넣으면 낯선 침입자를 공격하려고 쏙이 튀어나온다. 그때를 노려 잡기도 한다.

쏙보다 작고 눈이 퇴화된 쏙붙이도 비슷한 생태를 보인다. 주로 혼합갯벌에서 서식하는 쏙붙이의 굴은 공생하는 다른 갯벌생물에게도 주거공간을 제공한다.

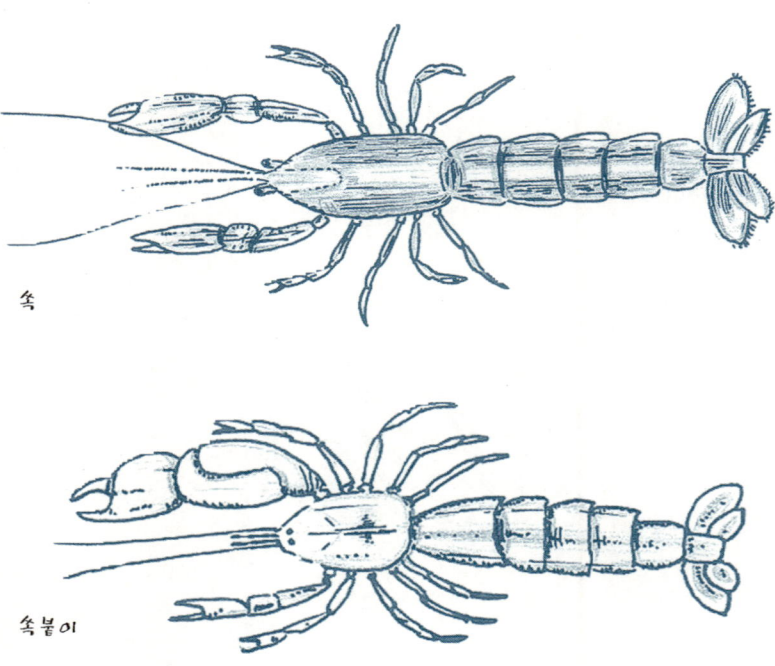

쏙

쏙붙이

또 집게들 중에는 꼭 게의 모습을 가진 종류도 있다.

게붙이 무리들이 여기에 속하며 보통 한 쌍의 집게 다리를 포함하여 네 쌍의 다리를 갖는다.

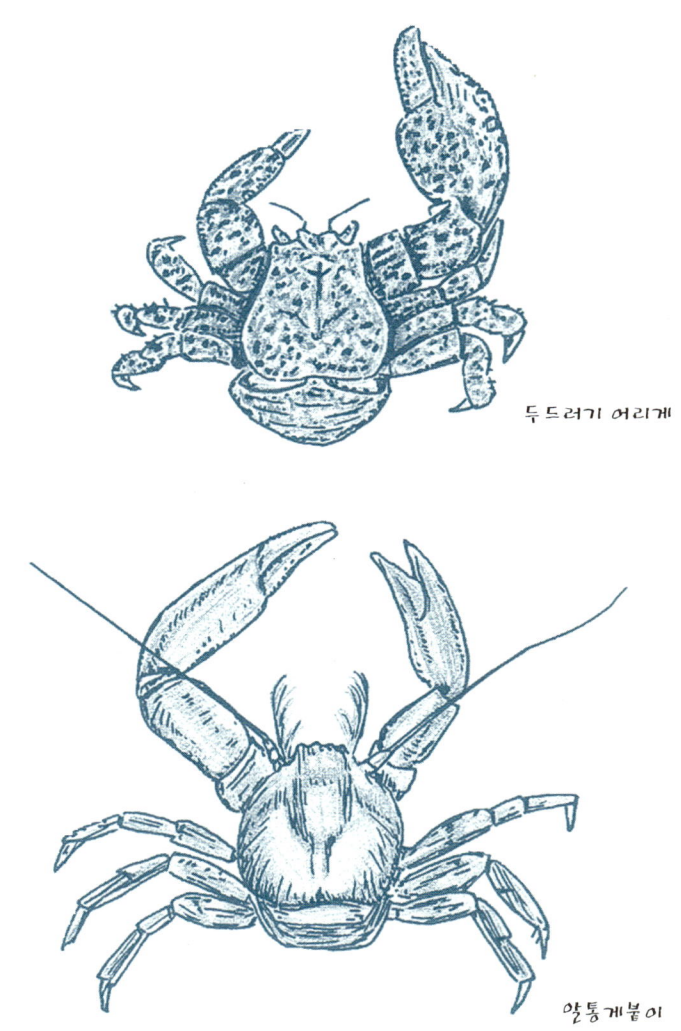

두드러기 어리게

약통게붙이

날개어리게

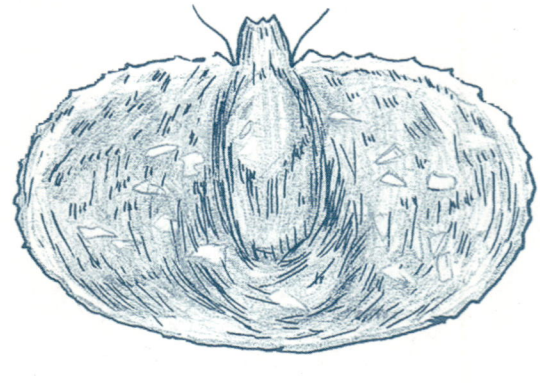

등면

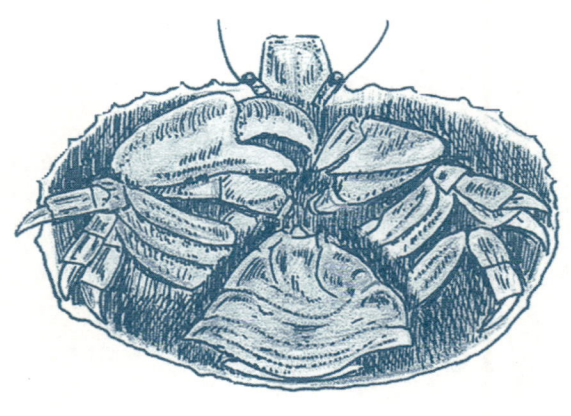

배면

특히 왕게는 완전히 게의 모습이지만, 역시 다섯 번째 다리가 퇴화하여 배 갑 속에 감추어져 있어 네 쌍의 다리만 보인다. 또 수컷의 복부는 좌우대칭이 지만 암컷의 경우 좌측이 발달하여 틀어져 있다.

왕게

왕게일까? 대게일까?
다리의 갯수를 살필 일이다
**왕게는 보이는 다리가
네 쌍이다**

갑각류 중에도 특히 등의 갑각이 발달하여 등각류로 분류되는 생물들이 있다. 바다 속에서는 물고기에 달라붙어 물고기의 체액을 빨아먹고 사는 기생성 종류들이 많다.

물 밖에서는 아주 흔하게 볼 수 있는 등각류가 있다. 그건 바로 갯강구이다. 바닷가를 찾아 분위기에 매료 되었다가 어디선가 나타난, 아니면 새카맣게 모여 있다가 인기척에 사방으로 달아나는 이 친구들을 보고 기겁했던 기억이 있으신지.

짙은 잿빛 몸체, 긴 더듬이와 여러 다리들. 마치 커다란 바퀴 벌레를 연상하게 하는 전혀 호감이 가지 않는 생물이다. 이름마저도 '강구'. 경상도 사투리로 바퀴벌레를 강구라고 한다. 그래서 갯강구는 결국 '갯가의 바퀴벌레' 라는 말이 된다.

그런데 갯강구는 혐오스러운 외모와는 달리 갯가의 청소부 노릇을 톡톡히 한다. 많은 개체가 무리를 지어 생활하면서 갯바위나 갯가의 유기물을 먹어 치워 해양환경의 보호에 큰 역할을 한다.

이 징그러운 '벌레' 들이 없으면 갯가는 청정함을 유지하기가 어려워지는 것이다. 그리고 사실, 갯강구는 '벌레' 가 아니고 게, 새우와 같은 엄연한 갑각류이다. 갯강구도 먼 과거에는 바다와 육상생활을 동시에 했을 것이라고 추측된다. 지금의 갯강구는 헤엄을 잘 치는데도, 물에 오래 빠져있으면 죽고 만다.

어떤 지방에선 갯강구를
'바위살랭이' 라는
귀여운 이름으로
부르기도 한다

갯강구

내가 해양생물에 관심을 갖고 코피(?) 쏟으며 공부하게 만들어 준 고마운 갯강구 녀석. 갯벌을 찾을 때 마다 그 징그러운 모양에 놀라다가도 한편으론,

　도대체 저 징그러운 벌레는 뭐지?

　결국 공부하고 관찰해서 알아낸 갯강구의 정체, 그리고 갯강구의 역할을 알고 나서 더 놀랐던 기억이 새롭다.

　모든 사물, 생물들을 겉모습만으로 판단하는 것이 얼마나 잘못된 일인가를 갯강구는 내게 가르쳐 준 셈이다.

2) 연체동물 이야기

뼈없는 생물들의 대표인 연체동물.

고둥, 조개, 오징어 등의 모습은 다르다. 하지만 연한 근육질의 몸과 석회질의 패각을 갖고 있다. 연체동물은 해양무척추동물 중에 가장 종류가 많다. 내장부의 가장자리 표면에 얇고 반투명한 외투막, 여기서 석회성분을 분비하여 패각을 만들고 성장시킨다.

부족류, 이매패류.

발이 도끼처럼 생겨서 부족류(斧足類)라고 부른다. 또 두장의 조가비를 갖는다고 해서 이매패류(二枚貝類)라고도 하는 조개류는 좌우로 편평한 몸에 외투막, 그 외투막이 만드는 두장의 패각으로 이뤄져 있다.

두장의 반달모양 패각을 가진 종류가 대부분이지만 맛 종류처럼 긴 대롱모양, 또는 변이가 심하고 한쪽 패각을 부착하는 굴 종류 등 여러 종이 있다.

홍합류는 '족사'라는 섬유질을 방출하여 바위에 몸을 단단히 고정시킨다. 여러 개체가 모여 뭉쳐 있으면 심한 파도에도 견딜 수 있다. 요즘 흔하게 보이는 홍합은 사실 지중해 담치이거나 진주담치가 대부분이다. 외래종인 이들은 외국의 선박에 붙어 들어왔을 것으로 생각된다.

홍합

왜홍합

    거의 모든 조개류들처럼, 홍합류도 물속의 유기물을 걸러 먹는다. 하지만 유난히 홍합류로 인한 패독(조개의 몸에 축적되는 독소)의 피해가 많아 유의해야 한다.

    일부 지방 어촌에서는 담치류를 축구공 크기로 모아 밧줄로 단단히 묶는다. 그리고 시간이 지나면 담치가 죽어 부패하게 된다.

    이 담치를 바다에 던져 넣으면 냄새가 퍼져 피뿔고둥들이 모여 들어 담치를 먹기 위해 이 담치 덩어리에 애써 붙는다. 그리고 다시 건져 올리면 이 고등들을 잡아낼 수 있다. 이때 이 담치 뭉치를 현지에서는 '소라빵'이라 부른다. 또 이렇게 잡힌 피뿔고둥의 패각(껍데기)은 다시 같은 연체동물인 주꾸미를 잡는 덫으로 쓰이고, 이러한 고둥껍데기들을 '소라방'이라고 한다.

갯바위에 가보면 수박씨 같은 아주 작은 홍합들이 모여 있는 것을 볼 수 있다. 꼭 홍합치패(어린 홍합)처럼 보이지만 이들은 왜홍합이라 하여 다 자라도 손톱크기 만하게 되는 소형 담치류들이다.

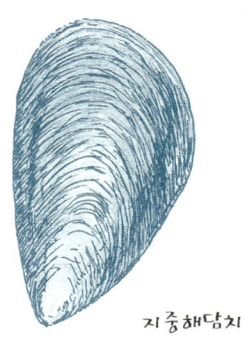

지중해담치

홍합류는 아니지만 왜홍합과 반대로 30센티미터가 넘기도 하는 초대형의 키조개가 있다. 패각이 배의 키와 같이 생겼다. 뾰족한 패각 끝을 아래로 바닥에 묻고 선채로 패각 끝을 내놓아 부유물을 걸러 먹는다. 키조개를 채취하는 잠수부들이 호미처럼 생긴 도구로 키조개를 건드리는 소리가 상어를 자극하는 일도 생긴다. 이로 인해 상어의 무시무시한 이빨에 덥석 물리는 사태가 발생하기도 한다.

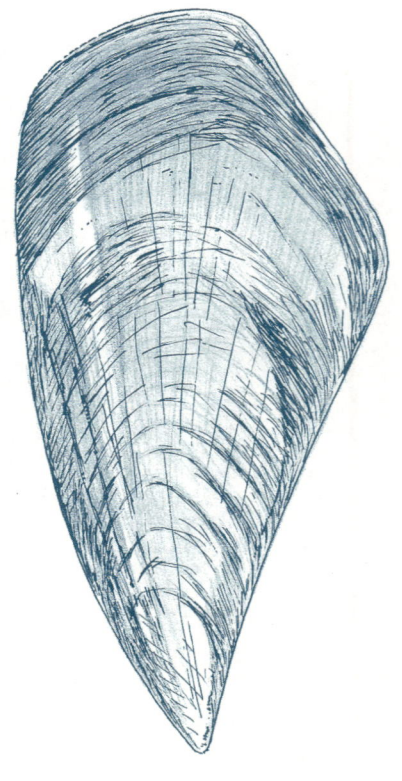

키 조 개

맛조개류는 이름처럼 아주 맛있다고 해서 맛조개이다. 빨대모양, 대나무
모양이 재밌다. 길고 둥근 패각은 얇고 단단하지 못해 부스러지기 쉽다. 갯벌
의 구멍에 소금을 넣어 염분차를 이기지 못한 조개가 구멍 밖으로 나오는데
이때 재빨리 잡아야 한다. 놓치면 야구선수의 강속구 피칭과 겨룰 수 있을 정
도의 빠른 속도로 구멍 속으로 도망간다.

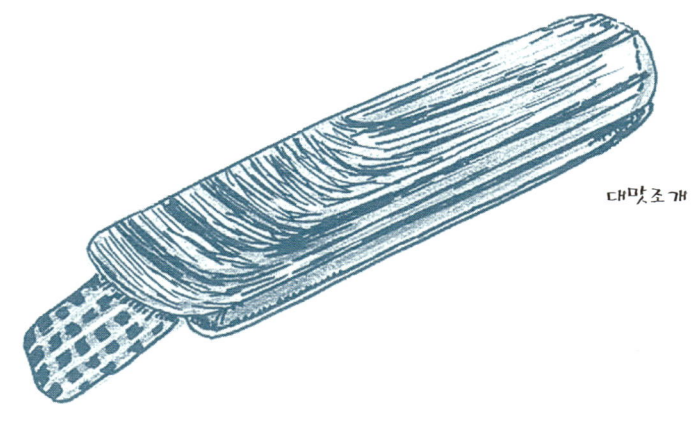

대맛조개

가리맛조개

맛조개

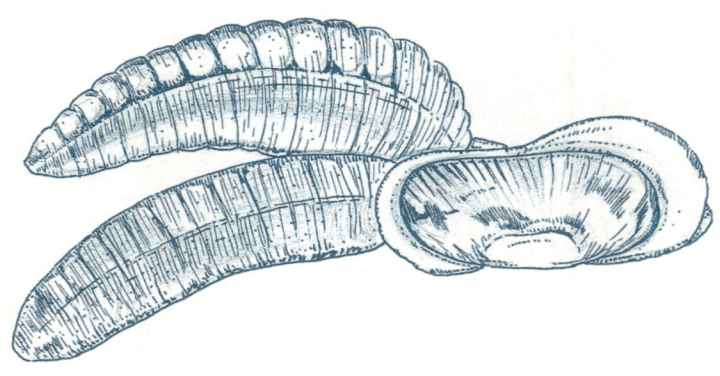

돼지가리맛

　아쉬운 것은 맛을 잡고 싶어도 갯벌의 수많은 구멍 중에서 어떤 것이 맛의 구멍인지 일반인들은 잘 모른다는 것이다. 그래서 구멍만 보고도 어떤 생물이 사는지 아는 어민들의 감각이 놀랍기만 하다.

조개들 중에는 패각의 표면에 고랑이 나있는 종들이 여럿 있다. 피조개라고 부르는 꼬막종류들인데, 피조개나 꼬막류들은 혈액 속에 헤모글로빈 성분이 있어 혈액이 붉다. 패각에 나있는 고랑의 수는 종마다 다르다. 꼬막은 17~18개, 꼬막 대용으로 쓰이는 새꼬막은 32~35개의 고랑을 갖는다.

피조개

꼬막

새꼬막

새조개도 다른 종의 조개이지만, 고랑이 있는 패각을 갖는다. 대신 꼬막과 달리 패각이 약해 부서지기 쉽다. 새조개는 부족, 즉 발을 내밀면 꼭 새의 부리와 같다. 급할 땐 이 발을 튕겨 멀리 튀어 달아 날 수도 있다. 옛 사람들은 새가 변하여 조개가 되었다고 생각했는데, 이 새조개를 보면 그 생각이 이해될 법 하다.

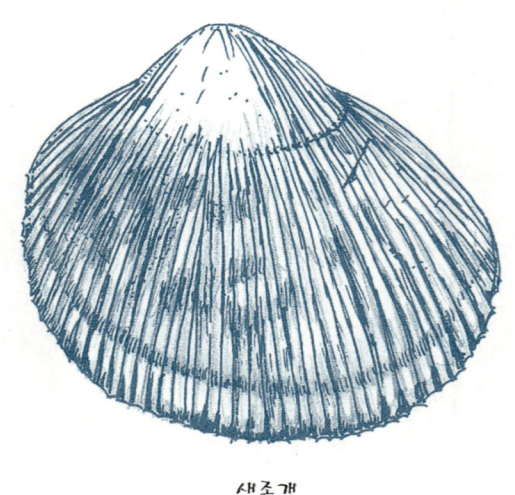

새조개

부채모양의 가리비도 위험이 생기면 패각을 열었다가 닫을 때 생기는 물살로 멀리 이동할 수 있다. 마치 작용과 반작용의 원리를 이용한 제트 추진 방식이라고나 할까.

독특한 생김새 탓에 부엌에서 예전에는 주걱대용으로 사용되기도 하였다. 얼핏 보기에 앞뒤 구분이 없어 보인다. 하지만 자세히 들여다보면, 오목한 쪽이 오른쪽, 편평한 쪽이 왼쪽으로 항상 오른쪽을 바닥에 붙이고 생활한다.

보통 조개는 패각을 열고 닫는 데에 쓰는 패각근을 2개 갖고 있다. 가리비는 크고 강력한 한 개의 패각근을 몸의 중앙에 갖는다. 이 패각근은 고급요리로 이용된다.

또 특별히 가리비는 외투안 이라는 '눈'을 갖고 있다. 가리비의 외투막 주위에 파란 점들이 보이는데, 이것이 바로 '눈'이다. 비록 빛의 유무 정도를 감지하지만, 가리비에겐 생활의 큰 방편이 된다.

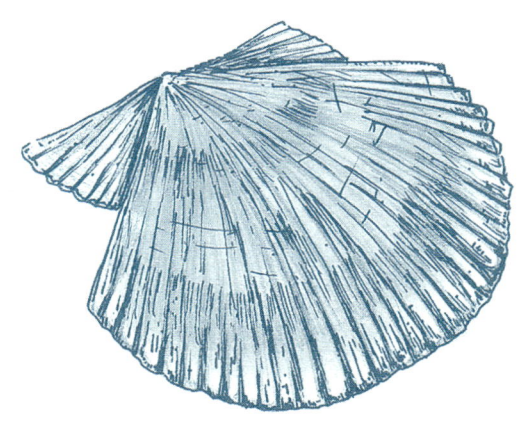

참가리비

바지락은 우리나라에서 제일 흔한 종류이다.

요즘엔 이웃집 할머니가 맛있게 먹으라고 주는 칼국수에 필수요소가 된다. 수온변화 등 환경변화에 대해 적응력이 강하다.

부유물을 여과하여 먹고 사는 바지락은 해수를 정화시키는데 큰 역할을 한다. 역시 작지만 자기 자리에서 성실하게 할 일을 다 하는 생물이다.

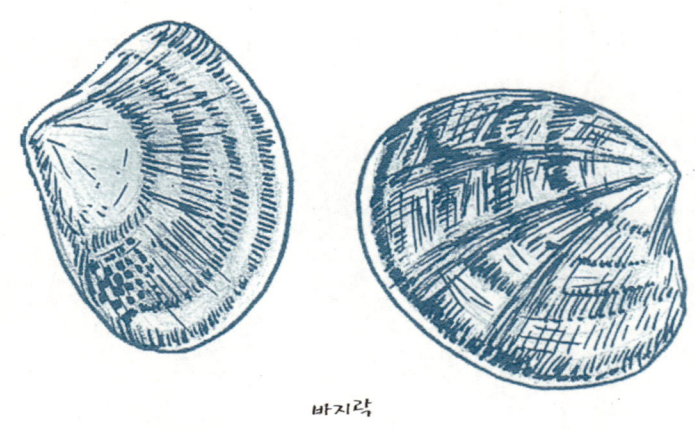

바지락

천해 보이는 이름과 달리 대합 이상의 맛을 자랑하는 개조개. 이들은 두툼한 조가비와 내면의 색이 아름답다. 물고기 이름으로 더 잘 알려진 '우럭'은 사실 조개의 이름이다.

가무락의 다른 이름은 모시조개이다.

　원형에 가까운 패각과 흑자색이 잘 어울리는 예쁜 조개이다. 맛도 좋아 인기가 많다.

　동죽은 바지락처럼 흔해 쉽게 볼 수 있다.

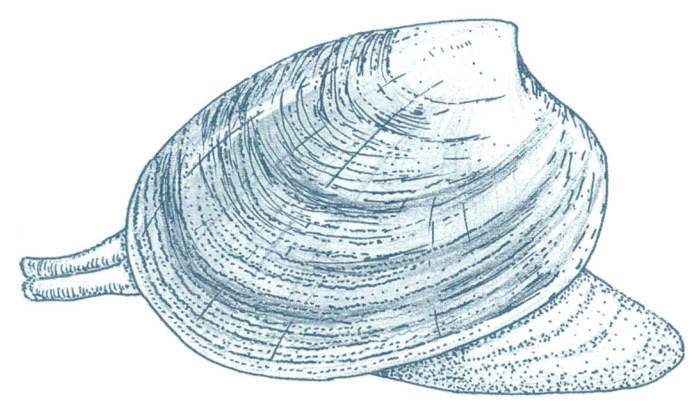

개조개

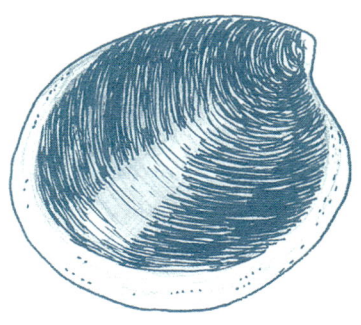

가무락

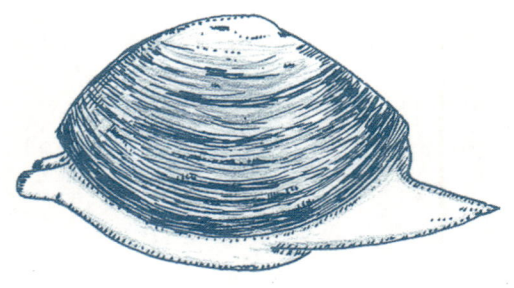

동죽

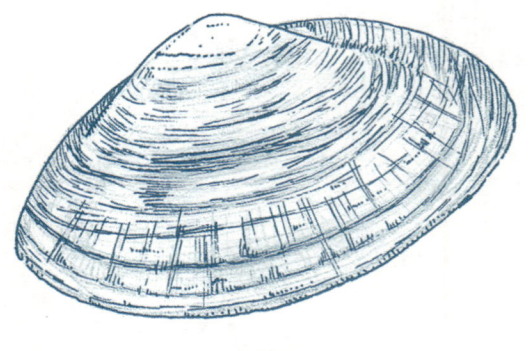

우럭

조개를 먹을 때 가끔 모래가 씹혀 애먹은 적이 많을 것이다. 이것은 부유물이나 퇴적물을 여과해서 먹는 조개의 습성 때문이다.

수돗물에 소금을 풀고 어둡게 해주면, 하루정도 지나 모래를 모두 뱉어 낸다. 이것을 '해감' 시킨다고 한다.

복족류

배가 곧 발의 역할을 하는 복족(腹足)류는 연체동물 중 가장 많은 종을 갖는다. 돌돌 말려진 조개라는 뜻으로 권패류 (卷貝類)라 부르는 고둥종류들이 대표적이다.

고둥류의 일반적인 외형은 나선형으로 꼬인 패각을 가져 좌우가 비대칭이다. 보통은 오른꼬임이 대부분이다. 고둥류들은 특히 입에는 수많은 작은이가 돋아난 혀인 치설(齒舌)이라는 기관이 있어 이 기관으로 먹이를 갈아 먹는다. 그리고 한 쌍의 다듬이와 눈, 넓고 편평한 발 뒷부분에는 각질이나 석회질의 덮개가 있다. 패각 속으로 몸을 숨길 때, 이것으로 입구를 단단히 막는다. 그러나 어떤 고둥종류는 패각이 흔적만 남아 있거나 아예 없는 경우도 있다.

개울타리고둥

눈알고둥

고둥들을 보통 소라라고 부르지만, 사실은 고둥이 대부분이다.

고둥과 소라는 다른 종이다.

소라는 꼬인 형태가 비교적 둥글고 패각의 안쪽 면이 희고 금속성의 광택을 낸다. 또 패각의 입구가 날카로우며 결정적으로 패각의 덮개가 단단한 석회질이다.

소라패각의 돌기물은 원래 호흡수가 드나드는 수관역할을 한다. 하지만 성장하면서 그 기능이 상실된다. 대신 몸의 균형 유지를 위해 파도나 조류가 심한 곳에 사는 소라 일수록 돌기가 발달된다. 재밌는 것은 돌기가 발달한 소라를 잔잔한 바다에 옮겨 놓으면 돌기의 성장이 멈춘다. 그 반대로 돌기가 없는 소라를 파도가 센 곳으로 옮기면 또 돌기가 생긴다고 한다.

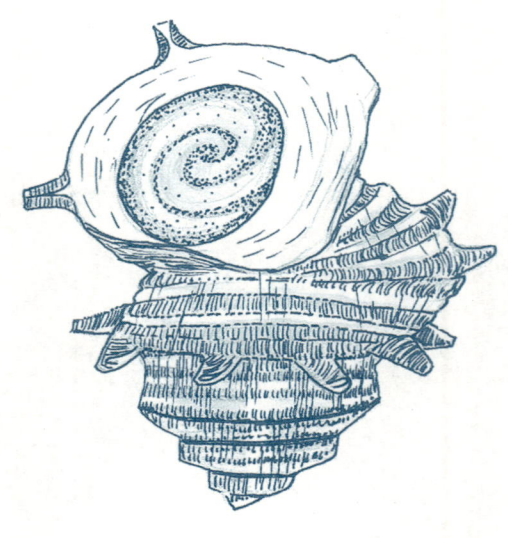

소 라

흔히 소라로 말하는 피뿔고둥은 패각 안쪽이 주황색이 나며 입구의 가장자리가 둥글어 부드럽다. 덮개도 각질이어서 여러모로 소라와는 다르다. 여름이 주 활동 계절이고 겨울엔 무리지어 동면을 한다.

외래생물이 우리나라에 들어와 생태계를 교란시키는 경우가 있다. 그런데 이와 반대로 우리나라의 피뿔고둥이 미국으로 건너가 미국연안의 생태계를 교란시키기도 한다. 민망해 해야 할지, 우리의 토종 피뿔고둥을 자랑스러워해야 할지 혼란스럽다.

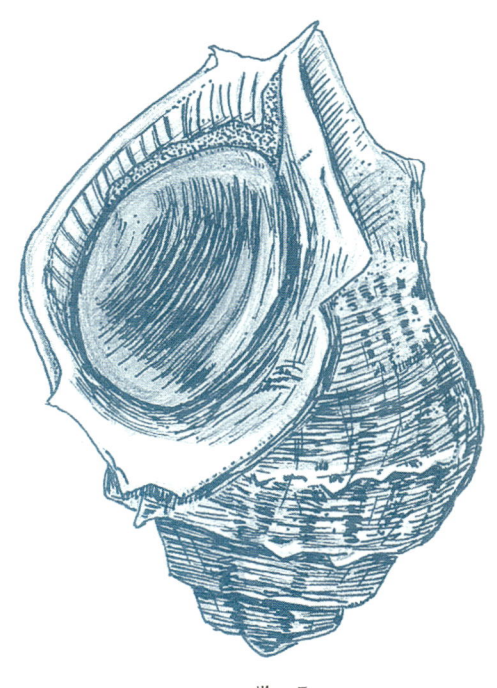

피뿔고둥

대수리와 맵사리는 패각높이가 3~4센티미터로 식용한다. 매운 듯한 맛이 나고 많이 먹으면 복통을 일으키기도 한다.

이 녀석들이 물이 빠진 갯벌의 바위틈에 모여 있는 것을 쉽게 볼 수 있다. 특히 굴을 좋아하는 육식성 고둥이라 굴 양식장에선 반갑지 않은 친구들이다.

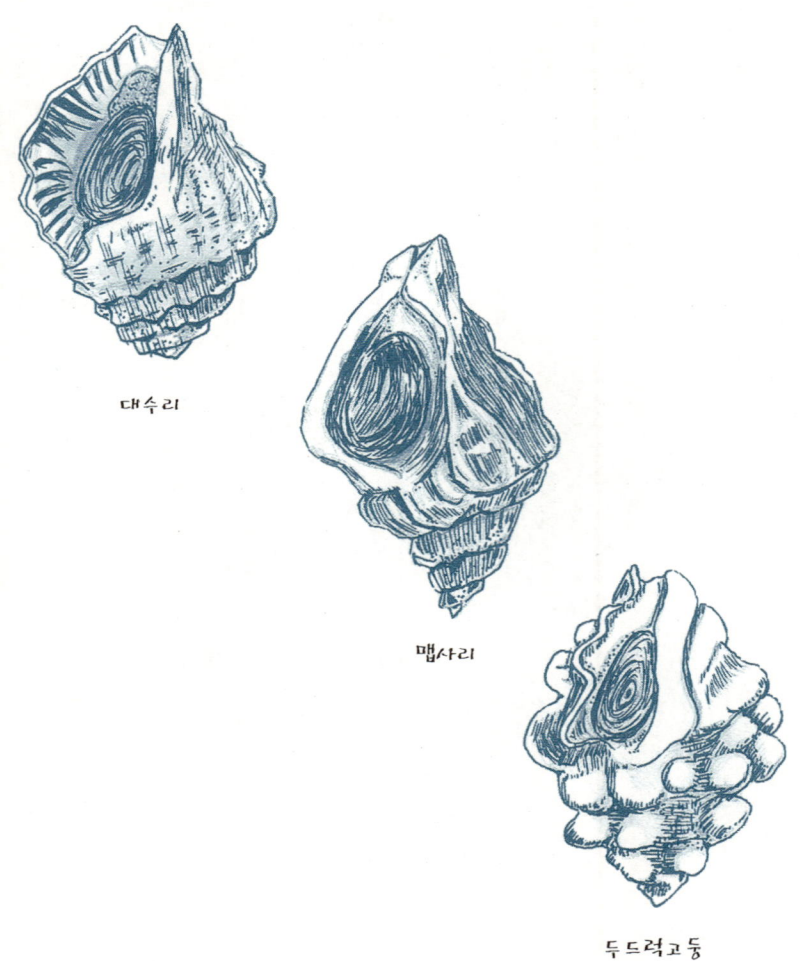

대수리

맵사리

두드럭고둥

두드럭고둥은 이름처럼 패각 표면의 울퉁불퉁한 돌기가 유난하다.

술안주 골뱅이로 더 잘 알려진 큰구슬우렁이는 패각에 깊은 구멍이 있어서 배꼽고둥으로도 불린다. 바지락과 같은 다른 조개류의 천적이라서 해적생물로 여기기도 한다.

모래가 많은 갯벌에 주로 살고 건드리면 수관으로 물을 쏘며 패각 안으로 숨어버린다. 이른 여름이 되면 갯벌 여기저기에 찢어진 모자 같은 알 덩어리(난괴)가 종종 보인다.

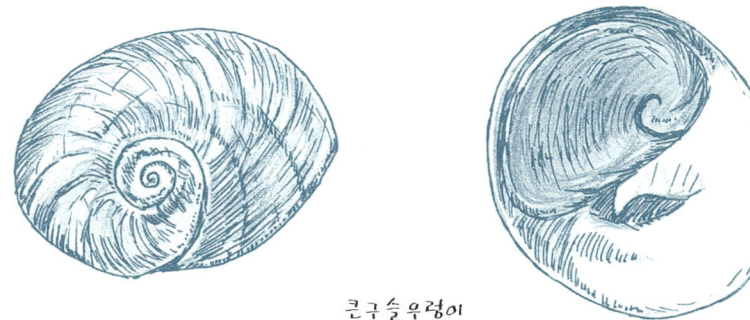

큰구슬우렁이

또 해변에서 마치 드릴로 정교하게 뚫어 놓은 것 같은 자국이 있는 조개껍데기를 쉽게 찾을 수 있다. 바로 구슬우렁이류를 비롯한 육식성 고둥들의 공격을 받은 흔적이다. 육식성 고둥들은 조개에 달라붙어 산성물질을 분비하여 패각을 연하게 한 후에 치설로 갉아 뚫어 버리고 그 속살을 잡아먹는다. 그러니까 조가비에 뚫린 구멍은 고둥들에 의해 먹혀버린, 즉 식해(食害)를 당한 아픈 과거의 흔적이다.

송곳모양의 댕가리, 갯고둥, 비틀이고둥들은 1970년대 어린이들의 간식거리로 요긴했다. 삶아낸 후 끝을 잘라내고 쪽쪽 빨아 먹는다.

이름처럼 패각의 물결무늬가 아름다운 서해비단고둥은 대량 발생하여 갯벌위를 돌아다니는데, 다닌 흔적이 꼭 추상화 같다. 우리가 이 녀석도 역시 삶아서 핀으로 빼 먹는다.

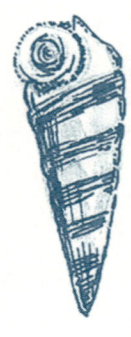   

댕가리   갯고둥   갯비틀이고둥   왕좁쌀무늬고둥

갯바위에서 흔히 보이는 갈고둥은 패각의 입구가 반달모양이고 줄무늬가 귀엽다. 그런가 하면 왕좁쌀무늬고둥은 크기는 작지만 여러 마리가 무리지어 다니면서 동물들의 사체를 먹어치운 후 분해하여 갯벌의 청소부 역할을 한다.

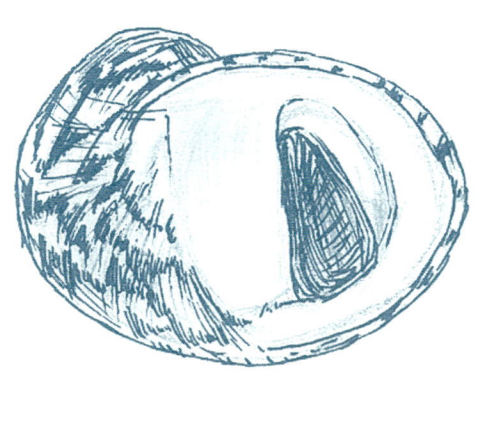

갈고둥

고둥류 중에는 아예 패각이 없는 종류도 있다.

패각이 없어서 무각복족류(無殼腹足類)라고 하는데, 군소가 대표적이다. 군소는 아가미가 심장보다 뒤에 있어 후새류에 속하기도 한다.

통통한 몸에 솟아오른 촉수가 마치 토끼와도 같아 영어이름으로는 시 해어(sea hare)라고 한다.

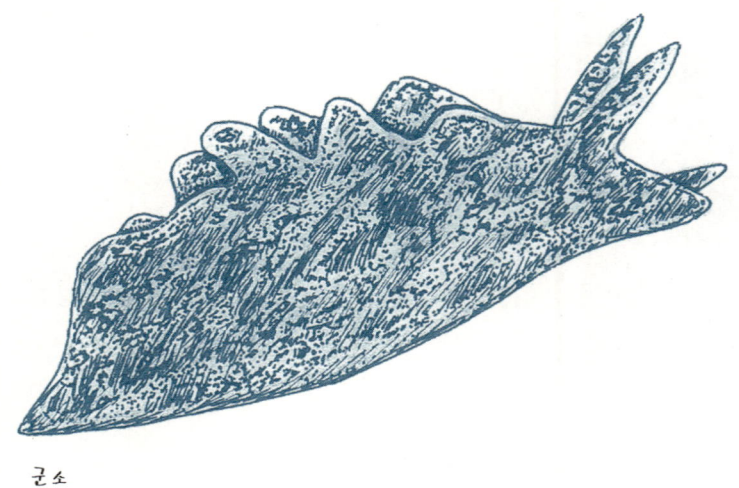

군소

군소는 공격을 받으면 보라색 분비물을 뿜어댄다. 크게 독성이 있는 것은 아니지만, 군소를 잡아먹는 생물은 드물다. 이 보라색 분비물은 군소가 즐겨 먹는 해조류로부터 얻어져 축적되는 것으로 보인다.

암수한몸인 군소는 번식을 위해 다른 개체가 필요해서, 여러 마리가 줄지어 교미를 한다. 교미 후 국수처럼 길고 노란 알집을 산란한다.

군소의 짝짓기

50센티미터까지 자라는 대형의 군소와는 달리 3센티미터 정도의 갯민숭이도 육상의 달팽이처럼 바닥을 유유히 기어 다닌다. 언젠가 갯벌에서 만난 갯민숭이를 뒤집어 놓은 적이 있다. 생각보다 빨리 이 친구가 몸을 원상태로 만들어 놀란 적이 있다.

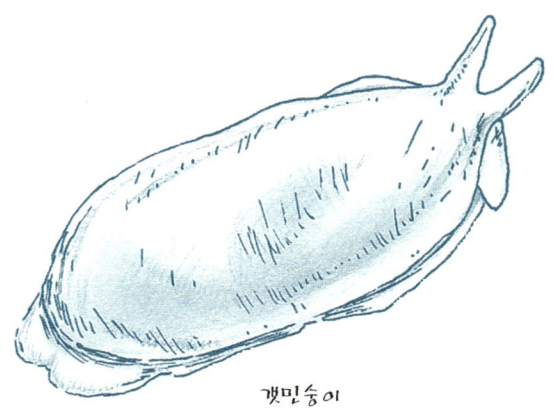

갯민숭이

껍데기가 없는 고둥들은 무거운 패각을 포기한 대가로 좀더 나은 이동성을 얻을 것이다. 대신 패각이 없어 적에 대한 방어력은 떨어지지만, 군소처럼 화학물질을 갖고 있어 이를 보완하고 있다.

연체동물 중에는 패각이 여러 장이거나 한 장으로 이루어진 생물이 있다. 바위해변에서 흔히 볼 수 있는 군부는 등에 여덟 개의 판을 갖고 있다. 일부지방에서는 딱지조개라고 하여 껍데기를 벗기고 식용하기도 한다. 이 친구들 바위 위를 기어 다니면서 표면의 유기물을 치설로 갉아 먹는다. 털군부의 몸 가장자리엔 억센 가시가 있어 찔릴 수 있다. 아주 소극적인 방어수단이다. 물 빠진 갯바위에 마치 화석처럼 붙어있는 모습이 마치 고대의 생물 같다.

애기털군부

    역시 갯바위에서 흔하게 보이는 삿갓조개는 둥근 삿갓 모양의 패각을 한 장 가진 원시고둥이다. 바위 위를 살살 기어 다니다가 위험에 처하면 그 자리에 꽉 달라붙는다. 일단 한번 붙으면 손으로 떼어 내기가 거의 불가능하다. 바위에 부착된 어느 종류의 삿갓조개는 떼어내는데, 30킬로그램 이상의 힘이 필요할 정도로 단단히 붙어 있다고 한다.

    특히 해초위에 서식하는 종류는 활동하다가도 꼭 제자리로 돌아와 자신이 지내는 자리에 흔적을 남긴다. 작고 보잘 것 없어 보이는 생물이지만, 결국 꼭 자기 자리로 돌아오는 신통한 습성을 가졌다.

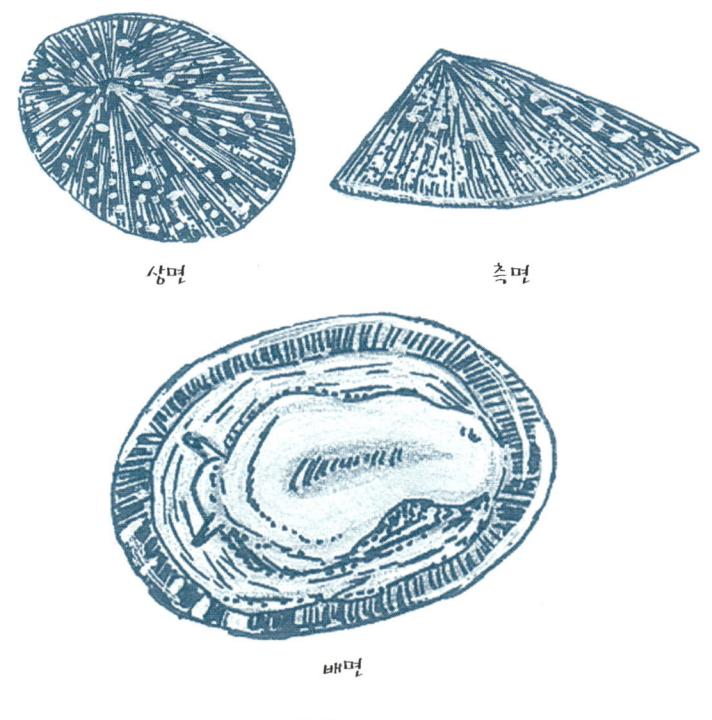

상면   측면

배면

삿갓조개

삿갓조개와 비슷한 패각에 깊은 고랑이 있는 고랑 따개비는 삿갓조개와는 전혀 다른 생물이다. 공기 중에 노출되어도 공기호흡이 가능한 원시적인 폐를 가지고 있다. 몸 크기가 1센티미터가 조금 넘는 작은 생물이다. 그럼에도 갯바위에서 쉽게 찾을 수 있다.

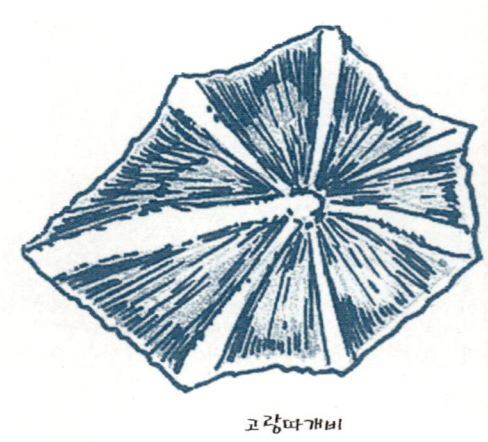

고랑따개비

손톱만한
생물에게도
자연의 섭리가 들어있다

두족류

두족류는 연체동물 중에서 가장 진화한 무리이다.

두족류는 연체동물의 특징 중 하나인 패각이 완전히 퇴화하거나, 아니면 표피로 변한 외투막 아래로 숨겨져 있는 경우가 있다.

오징어 무리들은 유영생활에 알맞게 진화되어 근육질의 외투막은 물을 흡입하여 뿜어 댄다. 오징어들은 이때 얻어진 추진력으로 이동할 수 있다.

또 오징어의 발달된 지느러미는 유영 시 몸의 방향을 잘 유지하도록 도와준다. 또 두족류의 특징으로 먹물이 있다. 대부분의 두족류는 위험에 처했을 때 먹물을 뿜는다. 그런데 오징어와 문어의 먹물형태는 약간 다르다.

오징어의 먹물은 발사되면 바로 퍼지지 않고 일정하게 뭉쳐져 있어 공격자로 하여금 다른 생물인 것처럼 보이게 한다. 반면에 문어의 먹물은 발사되면 바로 연막탄처럼 퍼져나가 공격자의 시야를 가린다. 나는 '이 먹물을 이용하여 글을 쓸 수 있을까? 하는 호기심이 발동되어 이리저리 오징어와 문어의 먹물을 채취해 실험해봤다. 일단 써지기는 하지만, 시간이 지나면 아쉽게도 먹물이 종이에서 떨어져 나오게 되어 소용이 없었다.

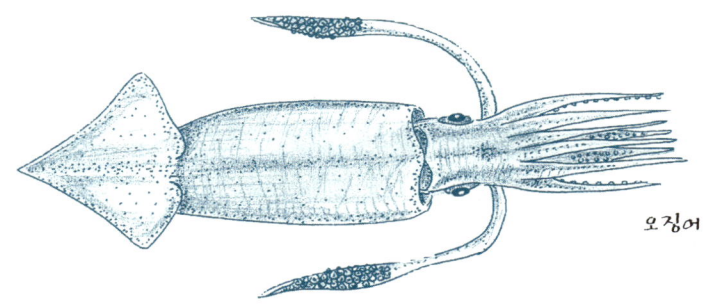

오징어

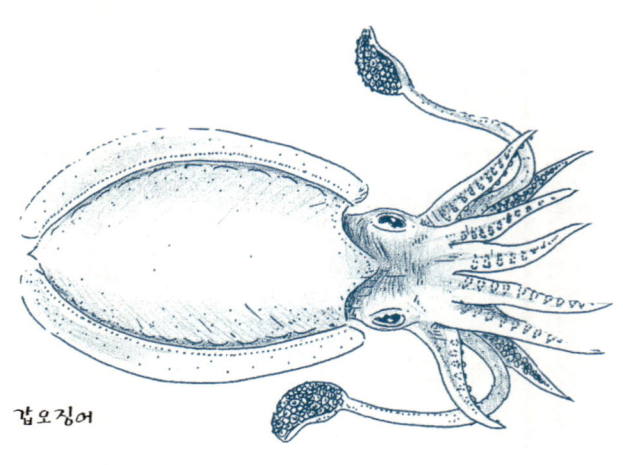

갑오징어

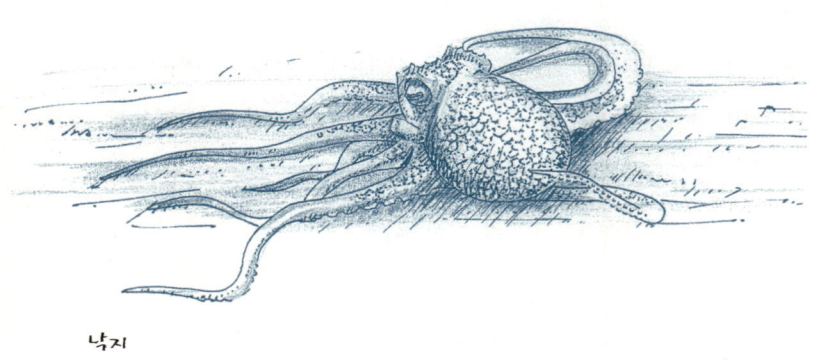

낙지

　또 위장의 명수인 두족류는 몸 빛깔을 주위환경에 맞게 마음대로 바꿀 수 있다. 몸체 색을 바꾸는 색소체가 신경을 타고 전달되기 때문에 색변화의 속도가 초단위로 빠르다.

3) 극피동물 이야기

'극피동물'이라는 말은 가시가 있는 피부를 가진 동물이라는 뜻이다.
대표적인 극피동물에는 불가사리, 성게, 해삼 등이 있다.

극피동물의 생김새는 서로 달라도 몸체는 기본적으로 오각형의 단면을 가지고 있다. 불가사리처럼 방사형의 몸체도 있고, 해삼처럼 몸체 내부가 다섯 개의 방으로 이뤄진 경우도 있다.

전형적인 해적생물인 불가사리는 왕성한 식욕으로 바다 속을 황폐화시킨다. 거기에다 강한 생명력과 뛰어난 재생력으로 그 이름값을 한다. 불가사리한 마리가 일년에 200마리 이상의 조개류를 먹는다. 불가사리를 뒤집어 보면 관족이라는 촉수처럼 생긴 다리들이 무수히 많다. 불가사리는 이 관족으로 생각보다 빠르게 이동한다. 또 관족은 조개를 먹을 때도 사용하는데, 조개를 감싸고 관족을 조개껍데기에 붙여 껍데기를 연다.

물론 조개는 패각근이라는 강한 근육으로 껍데기를 단단히 닫지. 하지만 조개의 패각근은 한 쌍에 불과해서 수많은 불가사리의 관족들이 교대로 잡아당기는 데는 당할 수 없어 결국 껍데기가 열린다. 이때 조개의 껍데기가 1미리미터라도 열리면 불가사리는 이 작은 틈으로 위장관을 집어넣어 산성물질을 분비하고 조개가 무력해지면 천천히 잡아먹게 되는 것이다.

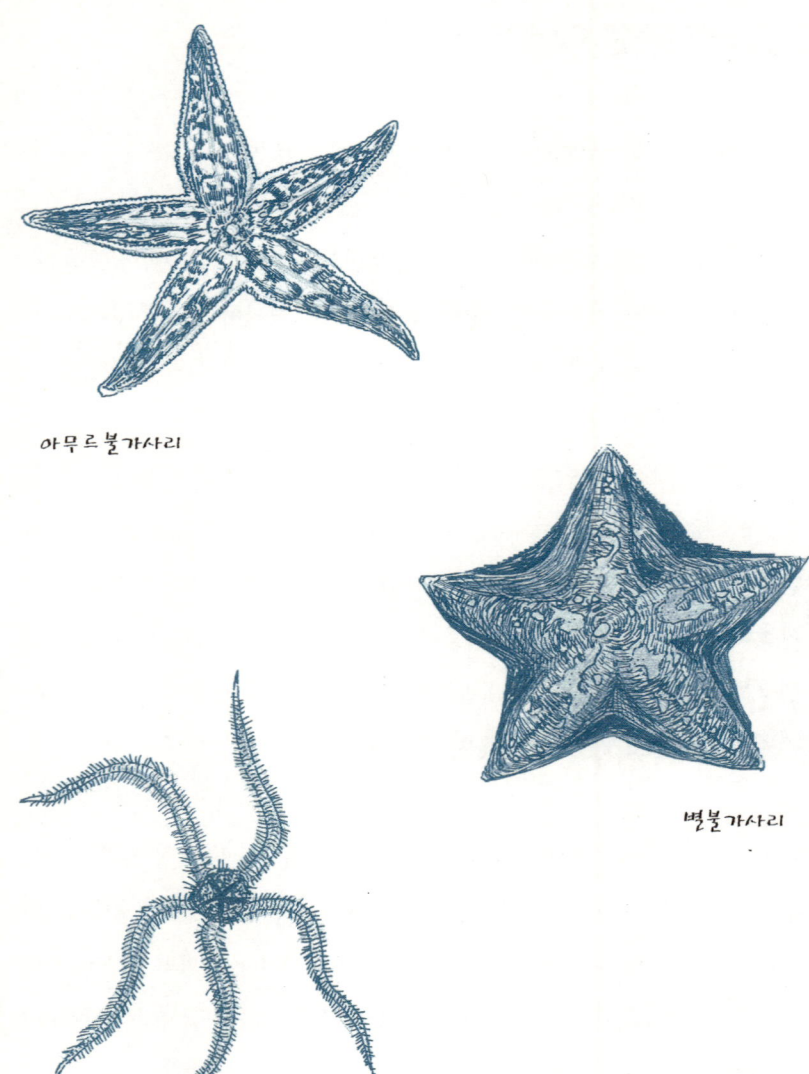

아무르불가사리

별불가사리

거미불가사리

거미불가사리처럼 부유물을 먹는 종류도 있다. 하지만 대부분은 별불가사리나 아무르 불가사리처럼 포식자이다. 불가사리는 딱히 천적도 없어 관청에서 이들의 사체를 매입하기도 한다.

해삼은 공격을 받으면 퀴비에관 이라는 내장을 공격자에게 뿜어낸다.

이 내장은 아주 끈끈해서 공격자가 당황하게 된다. 이때 해삼은 달아날 기회를 갖게 되는 것이다. 배출된 내장은 어느 정도 시간이 지나면 다시 재생된다. 평소에 해삼은 바닥을 유유히 기어 다니며 유기물을 먹는다.

바다의 삼이라는 이름처럼 맛과 향, 그리고 영양가가 높아 많은 사람들이 좋아 한다. 앞서 말한 퀴비에관도 고급요리 재료로 이용되기도 한다.

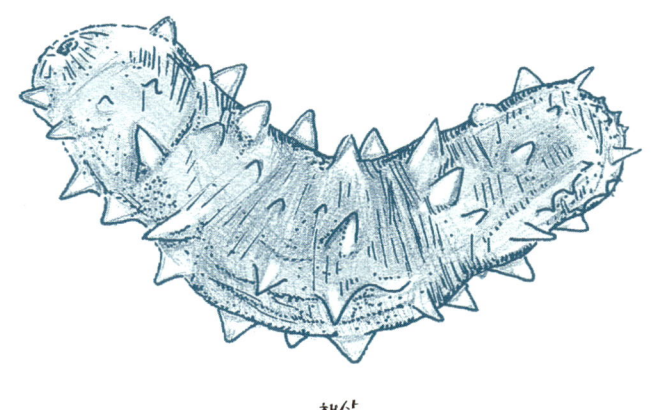

해삼

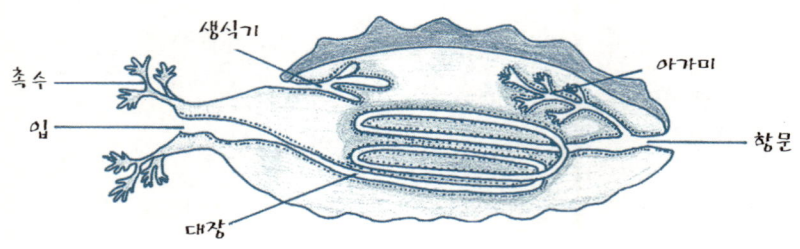

생식기

촉수

아가미

입

항문

대장

　　이른 봄 모래가 많은 갯벌에서 보이는 가시닻해삼은 얼핏 지렁이 같고, 투명한 몸, 그리고 긴 줄무늬가 있다. 그런데 가시닻해삼은 해삼이긴 해도 작고 수산적인 가치가 없어 별 관심을 받지 못하는 생물이다. 어떤 생물들은 위험을 당하면 스스로 몸을 잘라내는 자절(自切)습관이 있다. 특이하게도 가시닻해삼은 머리부분을 잘라낸다.

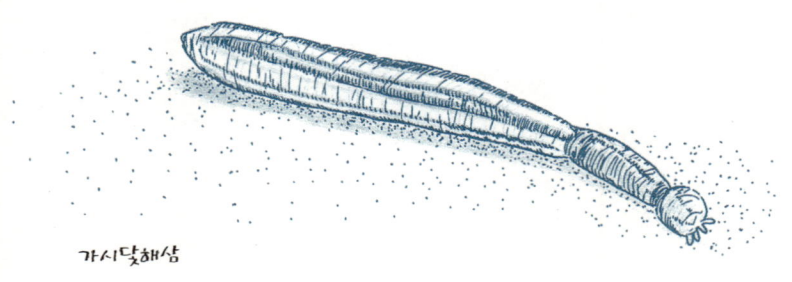

가시닻해삼

4) 그 밖의 생물들 이야기

지금까지 말한 생물 이외에도 갯벌에는 헤아릴 수 없이 많은 친구들이 살고 있다. 몇 가지만 더 살펴보자.

물이 나간 갯벌의 작은 조수 웅덩이에서 흔하게 볼 수 있는 말미잘은 자포동물이다. 말미잘은 '미주알', 즉 항문의 뜻을 가진 미잘, 결국 말의 항문이라고 듣는 생물의 입장에서는 대단히 불쾌할 이름이겠지.

서양에서는 시 아네모네(Sea Anemone) 라고 하여 화초에 비유한 것과 비교된다.

평소에는 꽃잎 같은 촉수를 활짝 벌려 먹이를 기다린다. 작은 물고기 같은 먹잇감이 나타나면 빠른 속도로 촉수를 감아 자포를 발사하여 잡아먹는다.

바위틈에 고착되어 있는 것 같아 보이는 말미잘은 이동능력이 전혀 없어 보이지만. 몸을 움직여 조금씩 이동할 수 있다. 수족관에서 키우면 확인 할 수 있다. 그래도 미미한 운동성이라서 집게의 고둥껍데기에 얹혀져 공생하는 경우도 흔하다. 집게로서는 말미잘의 자포를 무기 삼을 수 있고 말미잘은 빠른 이동성을 확보하여 먹이를 쉽게 얻을 수 있는 공생관계를 갖기도 한다. 집게는 성장하면서 고둥껍데기를 바꾼다. 이때 껍데기 위에 얹어 있는 말미잘도 함께 옮겨 간다고 한다.

말미잘을 건드리면 재빨리 움츠리는 모습을 볼 수 있다. 아주 신경이 예민한 사람들은 살짝 저릿한 자포독을 느끼기도 한다.

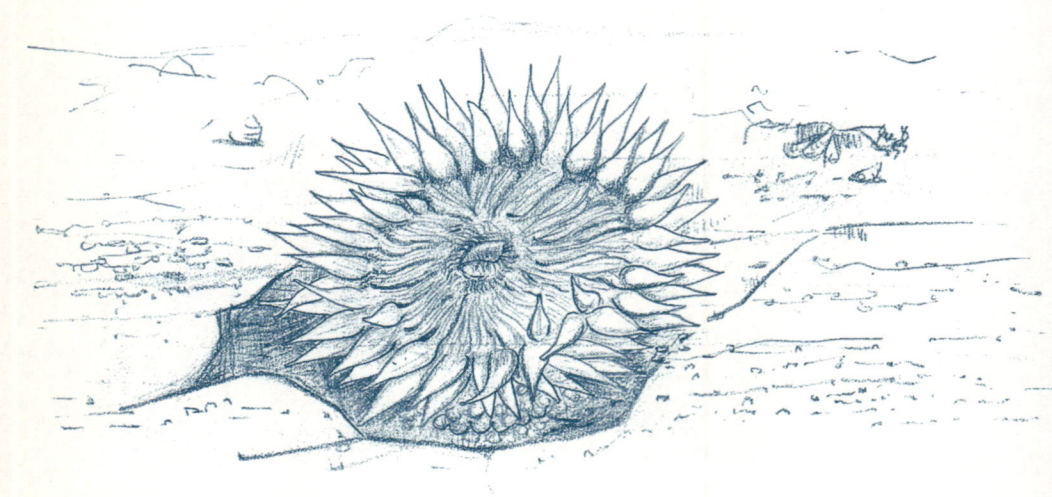

검정꽃해변말미잘

말미잘의 자포독은 우리에게 그리 해가 되지는 않는다. 같은 자포동물인 해파리쯤 되면 문제는 달라지겠지만 말이다. 해파리의 자포독에 쏘이면 격렬한 통증과 함께 심하면 사망에까지 이르기도 한다. 특히 해파리는 죽어도 자포독은 살아있는 경우가 많다. 그래서 죽어 해변에 떠밀려 온 해파라라도 촉수를 건드리면 쏘이는 경우가 있으니 주의해야 한다.

노무라입깃해파리

갯지렁이는 몸이 둥글어 환형동물, 그중에도 유생시절에 털이 많아 다모류(多毛類)에 속한다. 갯벌 위를 느릿느릿 기어 다니거나 갯바위 돌 틈을 빠르게 이동하는 갯지렁이는 보통 긴 몸에 규칙적인 마디를 가진 형태가 일반적이다. 하지만 어떤 갯지렁이는 분비해낸 석회질로 집을 지어 생활하는 종도 있고, 가느다란 대롱 모양의 서관을 만들거나 갯벌에 구멍을 파고 들어앉아 촉수만 내놓고 사는 다양한 종들도 있다.

　두토막눈썹참갯지렁이는 청충, 청거시라고도 한다. 주로 낚시 미끼로 이용된다. 살짝 멀리 나간 갯벌에서 보인다. 한 쌍의 억센 이빨을 가지고 있어 다른 갯벌 생물들을 잡아먹는 포식자 역할을 한다.
　물론 먼저 공격하지는 않아도, 잡았을 때 우리를 무는 경우도 흔하다.

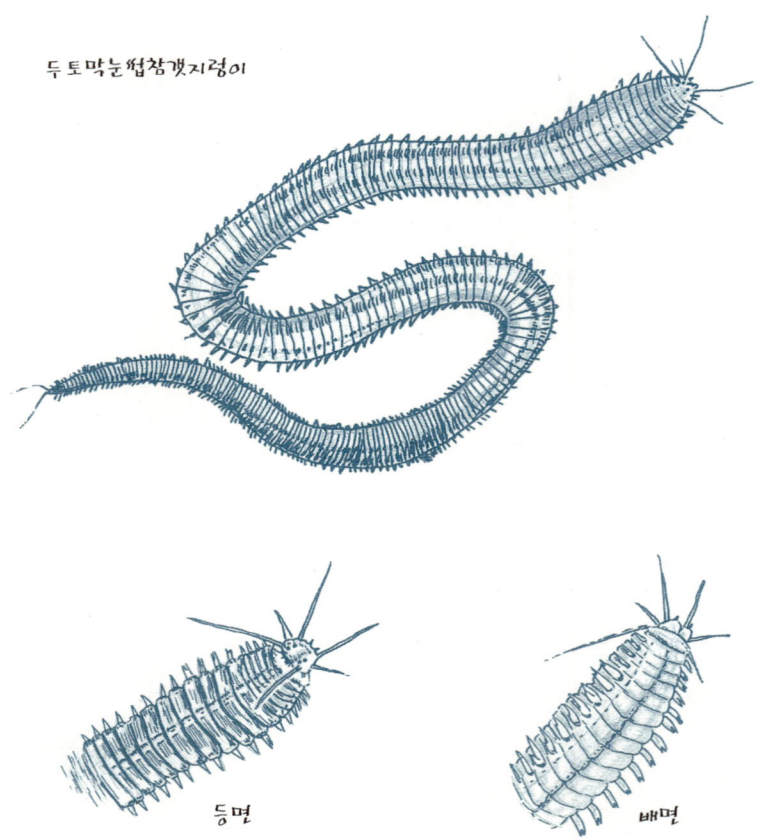

두토막눈썹참갯지렁이

등면　　　　　배면

꽃갯지렁이류는 스스로 분비한 점액질에 모래를 섞어 만든 서관에 살면서 촉수를 내밀어 부유물을 걸러 먹는다. 이 촉수를 펼치면 마치 화려한 꽃 같아서 갯지렁이라는 생각이 전혀 들지 않는다.

마찬가지로 구멍갯지렁이들도 갯벌에 구멍을 파고 촉수를 내밀어 먹이를 기다린다. 위험이 닥치면 매우 빠른 속도로 촉수를 움츠린다.

꽃갯지렁이류
'05. 11. 25. 薰

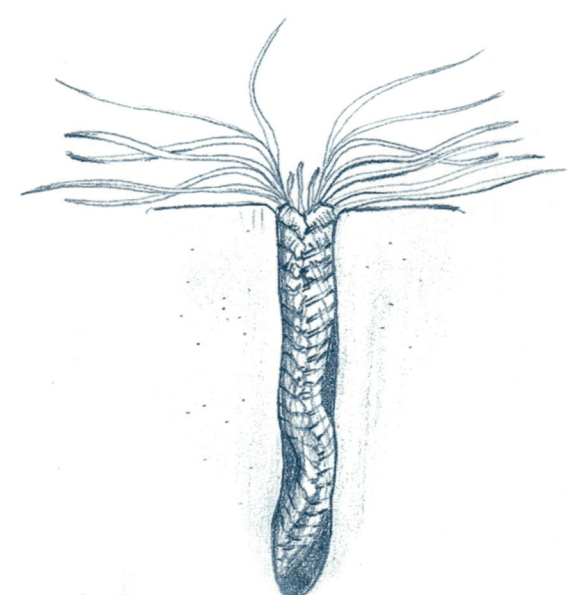

구멍갯지렁이류

동그라미덕회관갯지렁이

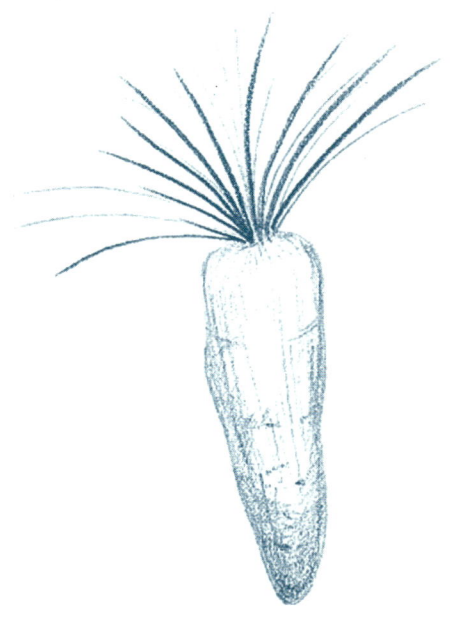

갯지렁이 류

인천 용유도의 선녀바위 해변에서 발견한 다모류는 아마도 유생일 것으로 짐작된다. 당근같이 생긴 외형에 금속성 광택이 나는 강한 털이 인상적이었다.

열심히 따라오느라 수고했다.
두 번째 '바다 만화경'
나간다.

이렇게 생긴 생물들을 보통 '소라'라고 부르지 않으십니까?

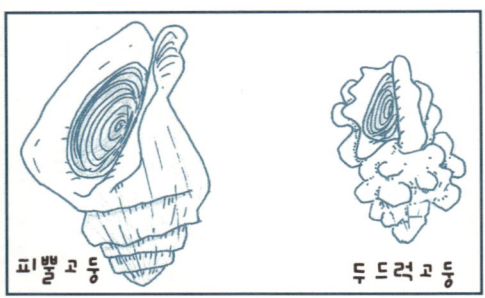

피뿔고둥

두드럭고둥

그런데 소라라고 부르는 대부분의 생물들이 소라가 아니라 고둥종류라지요.

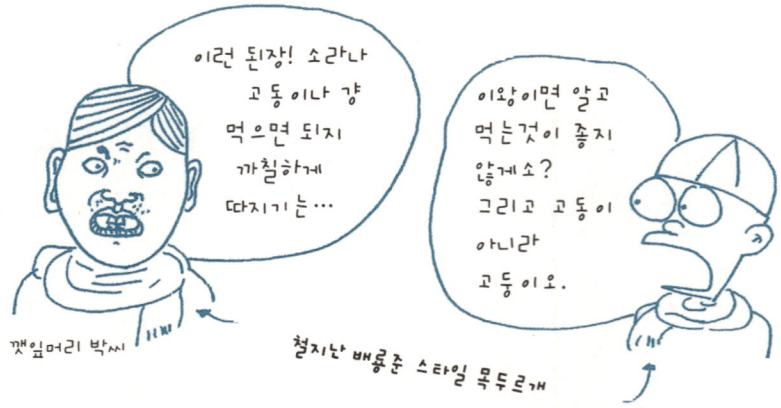

이런 된장! 소라나 고동이나 걍 먹으면 되지 까칠하게 따지기는…

이왕이면 알고 먹는것이 좋지 않겠소? 그리고 고동이 아니라 고둥이오.

깻잎머리 박씨

철지난 배혈준 스타일 목두르개

좋소. 그러면,
소라는 무에요?
또 뭐고…

그렇게
나와야 이 만화가
진행되오.

석회질 덮개판

소라

우선, 소라는 덮개판이 석회질이나,
고둥은 각질이오.
소라의 패각입구가 회색의 금속성
광택을 내며 날카로운데 반해,
고둥류는 황색계통의 광택을 내며
입구가 비교적 부드럽소.

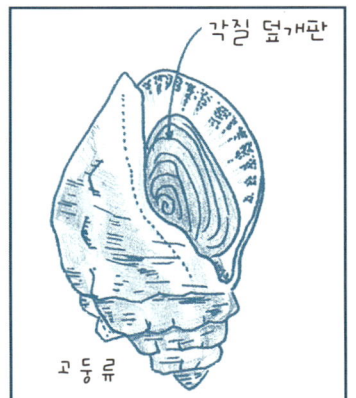

각질 덮개판

고둥류

지루하셔?
학습만화가
다 그렇지 뭐

Illustrated Marine life's Story

사진 속 '바다 현미경'

서늘한 바람이 불기 시작하는 **가을**의 끝
무렵,

이른 새벽에 물이 빠진 갯벌을 찾는다.
아무도 없는 갯벌을 혼자서 소유하는 호사를 누려본다.

갯벌에 들어서기 전, 포구의 구석구석에 갯강구들이 모여
반상회를 하고 있다.
부지런한 녀석들. 녀석들이 갯벌을 위해 없어서는
안 될 존재라는 것은 알지만,
그 범상치 않은 외모는 친해지기가 쉽지 않다.

갯강구

갯강구

갯바위에 들어서면 바위 여기저기를 틈틈이 메우고 있는 따개비가 보인다.
생명력이 대단히 강한 친구들. 이 화산 분화구처럼 생긴 친구들이
게나 새우와 같은 '갑각류'이라고 한다면 믿어지는지….
따개비도 게와 새우처럼 노플리우스(nauplius) 유생기를
거치는 엄연한 갑각류이다.
모진 생명력과 적응력으로 운항하는 배에도 달라붙어 배의 속도와
효율을 떨어뜨린다.
오손부착생물이라는 명예롭지 못한 별명을 가지고 있다.

따개비

풀게

바위게

바위틈 사이사이를 빠른 속도로
부지런히 움직이는
바위게과의 게들을 쉽게 볼 수 있다.
풀게는 집게발 사이에 털 뭉치가 있어 쉽게 알아 볼 수 있다.
바위게 역시 억센 집게발이 인상적이다.

민꽃게

갯벌에서 보다는 어시장에서 보는 것이 쉬운
민꽃게와 꽃게.
두 녀석 모두 사납기 그지없지만,
식탁에 오르면 맛있기만 하다.

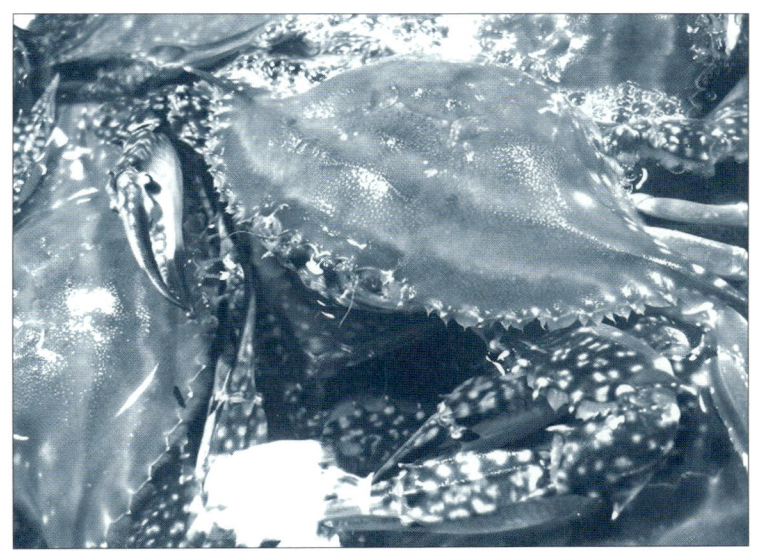

꽃게

금게는 온몸에 촘촘히 박힌
작은 점들이 멋지다.
서해에서는 범게를 볼 수 있다.
하지만 금게는 남해나 제주에서 볼 수 있다.

금게

집게

용유해변에서 만난 이 집게.
이 녀석을 손위에 올려놓고 10여 분을
꼼짝 않고 기다렸다.
그리고 나서야 겨우 이 녀석의 사진을 찍을 수 있었다.

집게

제주 곽지리에서 만난 집게.
집어 올리자
바로 얼굴을 내밀었다.

봄이 시작되는 갯벌에 들어서면
가시닻해삼들을 많이 볼 수 있다.
아기손가락 같은 몸에
투명한 핑크색이 예쁘기만 하다.

가시닻해삼

총알고둥

갯바위에서 가장 흔하게 보이는 총알고둥은
물 없이 살 수 없다.
하지만 막상 물에 잠기는 것은 싫어해서 물에 담그면
다시 바위위로 올라온다.
뾰족한 패각이 정말 날카로운 총알을 닮았다.

바위틈바구니 그늘진 곳에 화석처럼
움직이지 않고
착 달라붙어 있는 애기털군부.
여덟 장의 패각을 갑옷처럼 등에 두르고 있다.

애기털군부

탐사를 위해 가져간 작은 삽 위에 어느 틈엔가 달라붙은 납작벌레.
일정한 형태가 없는 납작한 몸으로 바위 아래를 기어 다니는
편형동물 납작벌레도
바위를 들추면 쉽게 찾아 볼 수 있다.

납작벌레

삿갓조개

이름처럼 정확한 삿갓모양의 삿갓조개.
바위위에
꽉 달라붙으면 손으로는 떼어내기가
거의 불가능하다.

떡조개

가끔 해변으로 밀려오는 떡조개.
희고 둥근 모양이 먹음직스런 떡을 연상시킨다.
물론 맛도 좋다. 긴 수관이 특징인데 일부 지방에서는
'빗죽' 이라는 방언도 사용한다.

패각에 점점이 박혀있는 벽돌모양이
울타리 모양인가?
그래서 개울타리고둥인가?

개울타리고둥

갯우렁이는 큰구슬우렁이와 함께 '골뱅이'로 불린다.
좋아하는 사람들이 많지만, 갯벌에서 조개들에게는 공포의 대상이다.
왕성한 식용으로 조개들을 잡아먹는다.
잡아먹힌 조개들은 아픈 과거를 '예리하게 뚫린 구멍'으로 남긴다.

갯우렁이

갯우렁이알집

식해흔적

민챙이 알집

갯우렁이가 싸구려 플라스틱 찌꺼기 같은 알집을 만든다면,
패각 없이 기어 다니는
민챙이는 투명하고 말랑말랑한 알집을 남긴다.

그런가하면 배트맨이
연상되는
연골어류의 알집도 가끔 발견된다.

연골어류 알집

보기에는 맛조개 종류처럼 보이는
이 개맛은 조개와는 전혀 다른 완족류.
이 종은 식용하지 않는다. 아주 오래전부터 살아온 화석종이다.

개맛

질퍽한 펄갯벌 위를
잠망경 같은 촉수를 세우고
갯민숭이가 여유롭게 기어 다니고 있다.

갯민숭이

불가사리는 아무도 반기지 않는 생물인가?
그럼에도 바위틈 곳곳에 무참히 찢겨져 있는 불가사리의
사체를 보는 기분이 착잡하다.
어느 생물에게나 생명은 소중한 것.

불가사리

불가사리

날렵한 검은띠 불가사리를
덥석 잡고 있는
아이의 눈빛이 재미있다.

검은띠불가사리

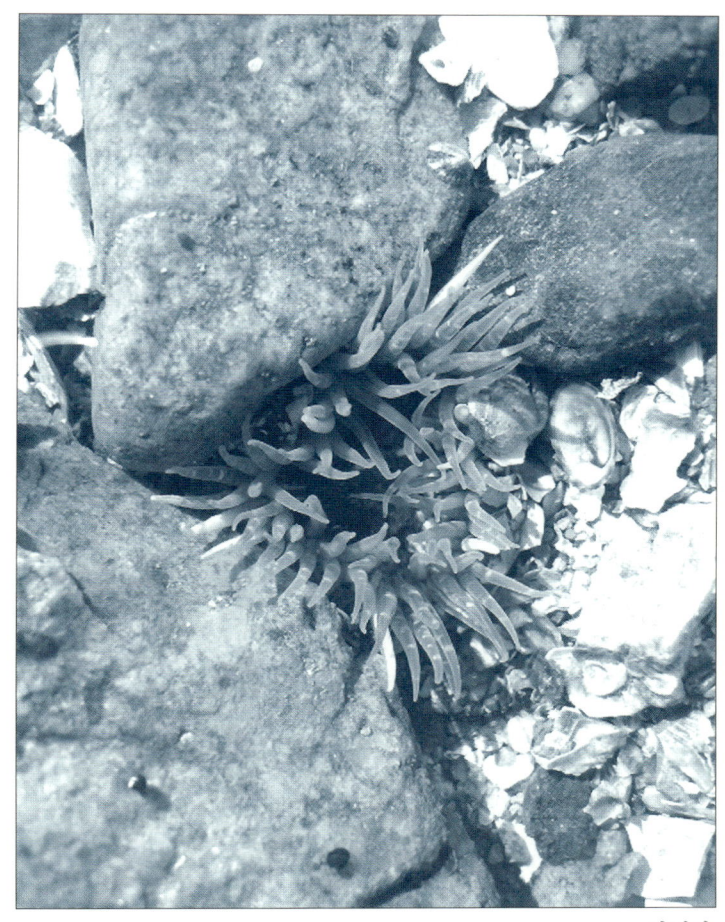

말미잘

조수웅덩이 속에서 촉수를 펼치고 먹이를 기다리는 말미잘.
역 앞에서 좌판을 벌여놓고 하염없이
손님을 기다리는
지친 아주머니가 생각난다.

말미잘 옆에서 조용히 숨었던 미끈망둑은 미꾸라지처럼
미끄럽지만 재빠르지는 못해
쉽게 잡혔다. 졸린 듯한 눈이 우스웠던 녀석.

미끈망둑

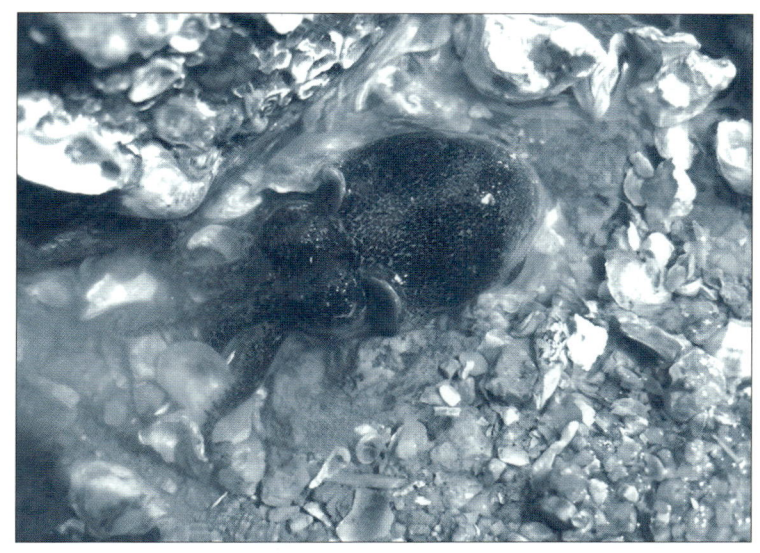

귀꼴뚜기

미처 썰물과 함께 빠져나가지 못한 귀꼴뚜기가
옆 웅덩이에 갇혀 있었다.
물속에 겨우 몸만 가리고,
가쁜 숨을 몰아쉬고 있어서 다른 곳으로 옮겨 주었다.

꽃갯지렁이는 자신이 살고 있는 서관을 곧게 뻗어
물 빠진 갯벌위의 하늘을 마시고 있다.
물이 들어오면 꽃 잎 같은 촉수를 내어 먹이를 기다리겠지.

꽃갯지렁이

갯벌위의 온갖 것을 서관에 붙여 위장하고 있는
털보집갯지렁이.
갯벌위의 만물상, 혹은 '컬랙터' 라고나 할까?

털보집갯지렁이

역시 지네처럼 긴 몸체의 갯지렁이는 확실히 징그럽다.
또 정체 모를 모래 또아리가 갯지렁이들의 배설물이라는 것을 알면,
더 심기가 불편해 진다. 그래도 이 징그러운 생물들과
'모래똥덩어리' 가 갯벌을 더 깨끗하고 비옥하게 한다.

갯지렁이

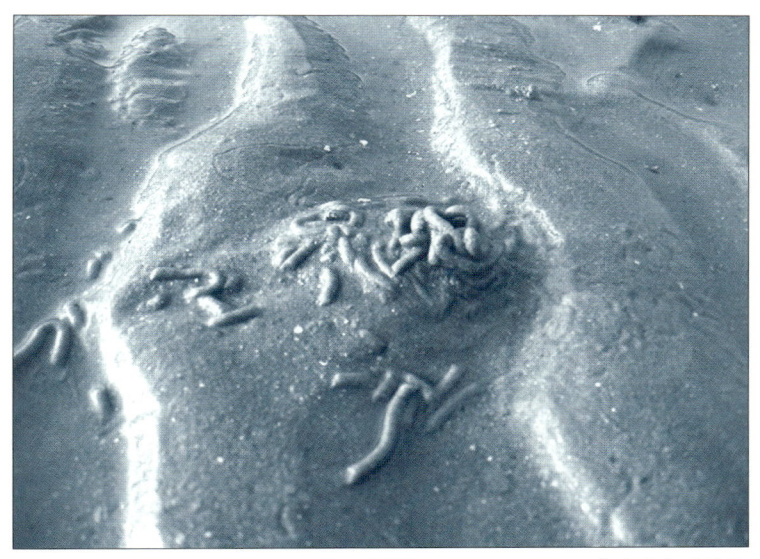

갯지렁이 배설물

다시 조수웅덩이로 가 보면, 이번엔 예쁜 복섬이 갇혀있다.
작고 귀여운 복섬이지만,
그래도 명색이 복어인지라 피부와 내장에
맹독을 품고 있다. 상처 있는 손으로 건드리지 말지어다.

복섬

갯벌

말뚝망둥어는 갯벌 위를 폴짝 뛰어다니며
물을 떠나도 한참을 지낼 수 있다.
예전 사람들은 이 물고기가 나무를 오른다고 해서
등목어(登木魚)라고 했다.

말뚝망둥어

말뚝망둥어

가끔 해변으로 밀려온
해파리의 사체를 만날 수 있다.
조심해야 한다.
죽은 해파리도 자포는 살아있어 만지면 쏘일 수도 있다.

해파리

또, 정말 운이 좋으면 고래도 만날 수 있다. 그리 희귀한 고래는 아닌
'상괭이' 를 만났다.
다 자라도 1미터 남짓 되는 녀석인데, 이 녀석은
더 작은 어린 녀석이었다.
원래 살아있을 때는 회색이다. 죽으면 검은색으로 변한다.

상괭이

상괭이

나는 어린 시절   섬 주위의 모든 곳이 훌륭한 교실
잠깐 동안 섬에 살았던 이었고 또 놀이터였다.
시절이 있었다.

특히 부드러운 모래 해변과 미끈
거리는 갯벌은 더할 나위 없는 나의 보금자리였다. 게를 찾으며, 작은
물고기를 잡으며 하루해를 보냈던 기억이 남아 있다.

그리고 많은 시간이 지났다.

이제는 아들과 함께 어릴 적 그 바다를 다시 찾는다. 역시 풍경은 그
대로여서 갯벌을 휘젓고 다니는 아들을 보며 유년의 나를 다시 본다.
또 더 많은 시간이 지나면 아들도 아빠와 함께 했던 바다를 기억할 테
지.

*내음은 표준어가 아니라 경상도방언으로 냄새 라는 뜻.

나와 아들이 공유하는 바다의 추억,
짭조름한 바다 내음과 함께, 늘 서로의 가슴에 남아 있기를 기대해
본다.

이 글과 그림도 기억하며….

용유도 선녀바위에서

문지훈

리터러시신서 1
바다 현미경

2008년 1월 발행
2008년 1월 1쇄
지은이 문지훈
펴낸이 이윤영
펴낸곳 CJI 한국언론연구소
디자인 문자현

주소 400-102 인천광역시 중구 신흥2가 37-19
전화 032-762-9983, FAX : 032-762-9983
등록일자 2005년 9월 5일
등록 제 349-2005-7호
ⓒ 문지훈, 2008
▌독자의 의견을 기다립니다.
www.cjinstitue.org
webmaster@cjinstitue.org

ISBN 978-89-957886-3-9
정가 12,000원